"十三五"职业教育国家规划教材

机械基础（少学时）

（第2版）

主　编　李志江
副主编　宋　敏　吴爱华
　　　　何　平
主　审　张国军

北京理工大学出版社
BEIJING INSTITUTE OF TECHNOLOGY PRESS

内 容 简 介

本书是机电技术应用与数控技术应用专业的职业教育教材。本书主要内容包括力学基础、机械工程材料、常用机构、连接、机械传动、支承零部件、机械的节能环保与安全防护等。

全书针对中职学生的特点精选教学内容，理论与实践相互衔接并渗透。书中采用了"查一查""议一议""说一说""看一看""知识拓展""练一练"等栏目进行编写，并适当精选部分实训项目让学生课后训练，图文并茂，力求从形式与内容两方面做到新颖、简明扼要，让学生在"学中练、练中学"。

本书可作为职业院校机电技术应用、数控技术应用、模具设计与制造、机械制造及自动化等专业的教材，也可作为成人教育与职业培训的教材，并可供从事机电技术、机械设计与制造的工程技术人员和工人学习与参考。

版权专有　侵权必究

图书在版编目（CIP）数据

机械基础：少学时/李志江主编. —2版. —北京：北京理工大学出版社，2019.10（2022.8重印）

ISBN 978-7-5682-7703-7

Ⅰ.①机…　Ⅱ.①李…　Ⅲ.①机械学-中等专业学校-教材　Ⅳ.①TH11

中国版本图书馆CIP数据核字（2019）第244101号

出版发行 /	北京理工大学出版社有限责任公司
社　　址 /	北京市海淀区中关村南大街5号
邮　　编 /	100081
电　　话 /	（010）68914775（总编室）
	（010）82562903（教材售后服务热线）
	（010）68944723（其他图书服务热线）
网　　址 /	http://www.bitpress.com.cn
经　　销 /	全国各地新华书店
印　　刷 /	定州启航印刷有限公司
开　　本 /	787毫米×1092毫米　1/16
印　　张 /	12.5
字　　数 /	287千字
版　　次 /	2019年10月第2版　2022年8月第4次印刷
定　　价 /	38.00元

责任编辑 / 张荣君
文案编辑 / 张荣君
责任校对 / 周瑞红
责任印制 / 边心超

图书出现印装质量问题，请拨打售后服务热线，本社负责调换

前言

FOREWORD

本书是机电技术应用与数控技术应用专业的规划教材,是根据教育部最新颁布的机械基础教学大纲的要求,由江苏省各职业学校的骨干教师,通过社会调研,结合企业对机械制造类技术人才在知识、技能、素养等方面的需求而精心编写的。本书主要内容包括力学基础、机械工程材料、常用机构、连接、机械传动、支承零部件、机械的节能环保与安全防护等。

"机械基础"是机电技术应用、数控技术应用专业的主干课程之一,本书充分贯彻了"以能力为本位,以就业为导向"的职业教育办学方针,体现了专业基础课程为专业服务的思想。本书在编写中突出了以下特色:

(1)针对职业院校学生的特点进行编写。全书采用了"查一查""议一议""说一说""看一看""练一练"等生动活泼的栏目编写,力求做到新颖、简洁,采用图表形式将知识呈现,生动、直观。

(2)联系生活与生产实际,以应用为核心。本着"实用、适用、实践"的原则,精选教学内容,理论与实践相互衔接并渗透;适当降低理论难度,力求做到学以致用。

(3)体现了"以学生为主体、以教师为主导"的教学理念。开发了必要的实训项目,让学生在"学中练、练中学"。增加了知识拓展内容,开阔视野、激发阅读兴趣,贴合专业特点。

FOREWORD

（4）采用双色套印，版面新颖，重点突出，从视觉效果上给学生以冲击，符合职业院校学生的心理特征和认知规律。

本书由江苏省徐州技师学院李志江任主编。第2章由徐州技师学院宋敏编写，第3章由海安中等专业学校吴爱华编写，第5章由无锡技师学院何平编写，第1章、第4章、第6章、第7章、第8章由徐州技师学院李志江编写。全书由李志江统稿。本书由盐城机电高等职业技术学校副教授张国军审稿。杭州湾中等专业学校李佳特对本书编写提供了大量的帮助。本书在编写过程中得到了编者所在学校各级领导和各位同仁的大力支持与帮助，在此一并表示感谢。另外，本书在编写过程中，还参考了大量教材和资料，在此对各位编者表示感谢。

由于时间仓促，加之编者水平有限，书中难免存在错误和不妥之处，敬请各位专家和广大读者批评指正，以便再版时修正。

编　者

目录
CONTENTS

第1章 走近机械 ··· 1
    1.1 认识机械 ··· 1
    1.2 课程的性质、任务及学习方法 ·· 11

第2章 力学基础 ··· 13
    2.1 力、力矩、力偶、力的投影 ··· 13
    2.2 约束、约束反力和受力图的应用 ······································· 21
    2.3 平面力系的平衡问题 ··· 27
    2.4 杆件基本变形和强度条件 ·· 30

第3章 机械工程材料 ··· 38
    3.1 金属材料的性能 ·· 38
    3.2 黑色金属材料 ··· 44
    3.3 钢的热处理常识 ·· 60
    3.4 有色金属材料 ··· 65

第4章 常用机构 ··· 72
    4.1 平面四杆机构 ··· 72
    4.2 凸轮机构 ··· 82
    4.3 间歇机构 ··· 87

目 录

第 5 章 连接 ········ 94

5.1 螺纹连接 ········ 94
5.2 键连接与销连接 ········ 99
5.3 联轴器与离合器 ········ 103

第 6 章 机械传动 ········ 110

6.1 带传动 ········ 110
6.2 链传动 ········ 117
6.3 螺旋传动 ········ 123
6.4 齿轮传动 ········ 132
6.5 蜗杆传动 ········ 141
6.6 轮系 ········ 147

第 7 章 支承零部件 ········ 157

7.1 轴 ········ 157
7.2 滑动轴承 ········ 164
7.3 滚动轴承 ········ 169

第 8 章 机械的节能环保与安全防护 ········ 182

8.1 机械润滑与密封 ········ 182
8.2 机械的节能环保与安全防护 ········ 187

参考文献 ········ 194

第 1 章 走近机械

从古至今，从金字塔建造时的简单机械滑轮到目前世界最高建筑迪拜塔，从工业革命时期大家惊呼的蒸汽火车到现在动辄突破 400 km/h 的高铁，从莱特兄弟的第一次人类起飞到现今外太空的探索，世界发生了翻天覆地的变化，这一切都与机械的发展密切相关。

1.1 认识机械

学习导入

从一颗螺钉到万吨巨轮，从自行车到高速动车，从普通机床到柔性制造系统……机械无处不在，人们的生产、生活已被机械包围。

学习目标

1. 了解先进制造业的发展前景；
2. 掌握机械与机器、机构与构件的含义；
3. 熟悉常用的机械加工设备。
4. 通过本节内容学习，激发学生的爱国情怀，增强学生的民族自豪感和文化认同，坚定科技强国信念。

1.1.1 机械发展简介

早在 60 万年前的石器时代，我们的祖先就开始有意识地打制各种石矛、石刀和石斧，用于狩猎与砍削，这些简单粗糙的工具可以说是机械的先驱。自从原始人发明钻木取火的器械后，火的使用更加频繁，也使人类结束了茹毛饮血的历史，使人的大脑和身体的进化得以加快。

提示：

机械始于工具，工具是简单的机械；人类成为"现代人"的标志就是制造工具。

公元前 3000 年以前，人类已广泛使用石制和骨制的工具。古埃及金字塔的建造就是利用了"滚子木"、滑轮、杠杆、斜面等简单机械（图 1-1）；中国古代用来指示方向的司南车（又称指南车）也是利用了差速齿轮原理制造的（图 1-2）。

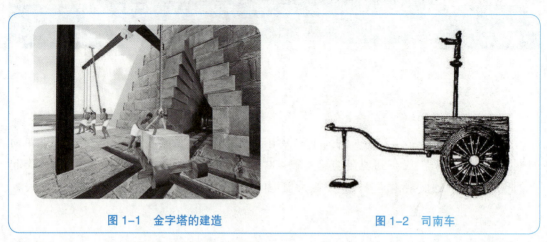

图 1-1　金字塔的建造　　　　　图 1-2　司南车

风车（图 1-3）是一种利用风力驱动的机械装置，它是利用可调节的叶片或梯级横木的轮子所产生的能量来运转的。早在 2000 多年前，中国、巴比伦、波斯等国就已利用风车提水灌溉、碾磨谷物。12 世纪以后，风车在欧洲迅速发展，通过风车利用风能提水、供暖、制冷、航运、发电等。公元前 1100 年以前，中国就已经发明了利用轴轮原理制成的辘轳（图 1-4）来提水，到春秋时期，应用已非常广泛。

议一议：
中国古代在机械领域为人类做出了哪些重大贡献？

图 1-3　风车　　　　　图 1-4　辘轳

18 世纪以后，以瓦特的蒸汽机（图 1-5）、史蒂芬逊的蒸汽机车、莫兹莱的螺纹切削机床（图 1-6）等为代表的一批令人瞩目的科技成果陆续出现，使以机器取代人力、以大规模工厂取代个体手工产业的科技革命成为现实。第一次工业革命结束了人类依靠人力和畜力进行生产、生活的历史，把人类推向了崭新的蒸汽时代。

1870年以后，科学技术的发展突飞猛进，各种新技术、新发明层出不穷，并被迅速应用于工业生产。第二次工业革命中，从电力供应系统的广泛应用开始，电动机就在工业生产中取代了蒸汽机，成为驱动工作机械的基本动力。第二次工业革命的成果见表1-1。

图1-5 瓦特的蒸汽机

图1-6 莫兹莱的螺纹切削机床

表1-1 第二次工业革命的成果

类别	时间	内容	国别
电力	1866年	西门子制成发电机	德国
	19世纪70年代	电力成为新能源	
	19世纪80—90年代	电灯、电车、放映机相继问世	
内燃机 交通工具	19世纪70—80年代	汽油内燃机	德国
	19世纪80年代	本茨制造出汽车	德国
	19世纪90年代	迪塞儿制造出柴油机	德国
	1903年	飞机试飞成功	美国
通信手段	19世纪40年代	有线电报	美国
	19世纪70年代	贝尔发明有线电话	美国
	19世纪90年代	马可尼发明无线电报	意大利
化学工业	1867年	诺贝尔发明炸药	瑞典

从1885年德国工程师卡尔·本茨制造第一辆汽车、1903年美国莱特兄弟发明第一架飞机开始，人类就迎来了崭新的汽车工业与飞机工业，同时，促进了机械制造技术向高精度化、大型化、专用化和自动化方向的发展。特别是20世纪初期，福特在汽车制造上又创造了流水线装配。大量生产技术加上泰勒在19世纪末创立的科学管理方法，使汽车和其他大批量生产的机械产品的生产效率达到了过去无法想象的高度。

提示：

生产的机械化离不开电气化，而电气化则通过机械化才对生产发挥作用。

随着信息装备技术、工业自动化技术、数控加工技术、机器人技术、先进的发电和输配电技术、电力电子技术、新型材料技术、纳米技术等的发展，机械工业取得了突飞猛进的发展。从1957年苏联发射第一颗人造卫星（图1-7）到人类在太空建立国际空间站（图1-8）；从1969年"阿波罗"号飞船首次成功登月（图1-9）到人类探测器历史性地飞出太阳系；从简单的手工操作机床到高智能机器人的应用；从普通机车到高铁、磁悬浮列车（图1-10）的发展，无不是机械制造工业的一次次革命。

图1-7 苏联发射的第一颗人造卫星

图1-8 国际空间站

图1-9 "阿波罗"号飞船登月

图1-10 磁悬浮列车

想一想：

1. 近二十年来，中国在航空、航天领域有哪些重大的突破？
2. 近十年来，中国高铁技术取得了哪些骄人的成果？

进入21世纪，先进制造业正向着高柔性化、高自动化、高精度化、高速度和高效率化、绿色化与环保化方向发展，见表1-2。

表 1-2　先进制造业的发展前景

领域	发展前景
装备工业领域	CNC 等高新技术不断推动着装备工业朝定制化、智能化、柔性化和集成化的自动化生产方向发展，系统设计与成套生产技术、超精超大制造技术、绿色制造技术是世界各国装备工业主要的发展方向
铁路工业领域	高速、重载、节能、程控数字交换技术、宽频带信息传输技术、智能网络管理以及卫星通信技术等铁路高科技制造技术是当前国内外铁路工业的重点发展方向
汽车工业领域	智能控制技术、通信网络技术、新能源新材料技术、全线通移动通信与导航技术、精密数控加工技术、自动化生产系统在汽车制造业中得到广泛使用
船舶工业领域	现代船舶技术将由设备密集型和信息密集型向知识密集型方向发展，其制造技术将转向成组技术、柔性制造系统、智能控制系统、绿色制造技术和并行工程等
航空、航天领域	国内外航空、航天领域的发展趋势是：深空探测，开发新的航天运输系统，研发卫星武器，发展空间机器人、虚拟现实技术及超远程、超声速、超大动力飞机
光电通信领域	国内外光电通信技术的发展趋势是：DWDM 全光网络、光子计算与光信息处理、光电通信、光子集成器、聚合物光电器件和光子传感器

查一查：

1. 到图书馆或网络上查一查，在人类历史上，机械还有哪些重大的发现？记下来，与同学进行交流。

2. 到网络上查一查，在线观看《大国重器》，写下自己的感受与同学进行交流。

课外阅读

大国重器　中国底气

在人类进化的长河中，250 万年的工具制造史，推动了人类文明的进步。从蛮荒时代的生存需求，到战争年代的称雄争霸，再到和平时期的繁荣发展，工具制造对于人类生活的重要意义从未改变。今天，国家之间的竞争，就是实体经济的竞争，强大的装备制造业是实体经济的根基。在全球，机器制造每天都在创造着奇迹，机器制造的竞争每时每刻都体现在国家之间的博弈。

从浩瀚的宇宙，到蔚蓝的海洋、再到广袤的大地，从传统的制造领域，到世界潮流最前沿，中国装备制造已经今非昔比。全球第一的制造总量，令世界瞩目。未来 10 年，完整的高端装备制造产业体系将会建立，基本掌握高端关键核心技术，产业竞争力进入世界先进行列。今天的中国，正在用自己的方式，努力缩短着制造大国到制造强国的距离。

世界上智能化水平最高的自航绞吸船"天鲲号"投产，国产航母和新型万吨级驱逐舰相继下水，第一造船大国正向造船强国大踏步；"复兴号"中国标准动车组以时速 350 千米的速度飞驰,中国具有完全自主知识产权的三代核电技术"华龙一号"开启了向发达国家出口的序幕,中国标准、中国技术实现"从追赶到领跑"的根本转变;国产大飞机C919、AG600水陆两栖飞机相继成功首飞,遨游太空近3年的天宫二号在预定时间内返回地球,中国航空航天工业稳扎稳打、加快追赶……

新中国成立70多年来,装备制造业领域的国之重器相继问世。从逐梦深蓝到砺剑长空,从无人问津到走出国门,从跟跑到领跑,展现了当今中国"可上九天揽月,可下五洋捉鳖"的综合国力,闪耀着中国人民砥砺奋斗、自主发展的智慧成果。

真正的大国重器,一定要掌握在自己手里。如今,中国正以前所未有之势推动自主创新,着力突破核心技术的瓶颈,为民族复兴汇聚前行之力,让国人骄傲,让世界惊叹!

1.1.2 机械常用名词

机械源自于希腊语 mechine 及拉丁文 mecina,原指"巧妙的设计"。作为一般性的机械概念,可以追溯到古罗马时期,主要是为了区别手工工具。现代中文的"机械"一词是机器和机构的总称。

| 1 | 机器 | 什么是机器呢?其实马克思早在欧洲工业革命时就已经下过定义。马克思指出,所有机器都由三部分组成:一是原动机(动力部分),如汽车的发动机、机床的电机;二是工作部分(或称执行部分),如汽车的车轮、转向器,机床的主轴等;三是传动部分,如汽车的变速箱传动轴,机床的变速箱、丝杠等。具有此三部分者为机器,缺一不可。 |

1.1 认识机械

提示：
现代机器通常也把控制部分作为机器的一个重要组成部分，如飞机的控制部分——自动驾驶仪就在飞机飞行中起着决定性作用。

2　机构

机构是具有确定相对运动的组合，它是用来传递运动和力的构件系统。如图 1-11 所示，内燃机的发动机部分就是由曲柄连杆机构、配气机构等组合而成的。

与机器相比，机构也是人为实体（构件）的组合，各运动实体之间也具有确定的相对运动，但不能做机械功，也不能实现能量的转换，见表 1-3。

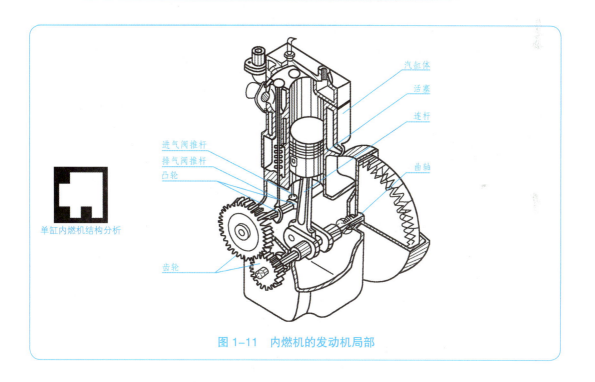

图 1-11　内燃机的发动机局部

3　构件

机器及机构是由许多具有确定的相对运动的构件组合而成的，因此，构件是机构中的运动单元，也是相互之间能做运动的物体。在机械中应用最多的是刚性构件，即作为刚体看待的构件。一个构件，可以是不能拆开的单一整体，也可以是几个相互之间没有相对运动的物体组合而成的刚性体。

7

第 1 章 走近机械

| 4 | 零件 | 零件是构件的组成部分。机构运动时,属于同一构件中的零件,相互之间没有相对运动。构件与零件既有区别又有联系,构件可以是单一零件,如单缸内燃机中的曲轴,也可以是若干零件连接而成的刚性构件,如连杆构件。 |

构件与零件的根本区别是:构件是运动的单元,零件是制造的单元。

机械的常用名词与含义见表1-3。

表1-3 机械常用名词的含义

名词	含义
机械	机器与机构的总称
机器	由构件组合而成;各构件之间具有确定的相对运动;能代替人的劳动,完成有用的机械功或实现能量的转换
机构	由构件组合而成;各构件之间具有确定的相对运动
构件	机器独立的运动单元
零件	机器中独立的制造单元

议一议:

同学之间议一议,举例说一下你见到过的机器、机构、构件和零件。

1.1.3 常用机械设备

1. 机械设备的分类

机械设备种类繁多,根据行业不同,可分为11大类,见表1-4。无论哪种机械设备,一般均由驱动装置、变速装置、传动装置、工作装置、制动装置、防护装置、润滑系统、冷却系统等部分组成。

表1-4 机械设备的分类

分类	举例
农业机械	拖拉机、播种机、收割机械
重型矿山机械	冶金机械、起重机械、装卸机械、工矿车辆、水泥设备
工程机械	叉车、铲土运输机械、起重机、压实机械、混凝土机械
石化通用机械	石油钻采机械、炼油机械、化工机械、造纸机械、印刷机械、塑料加工机械、制药机械

（续表）

分类	举例
电工机械	发电机械、变压器、电动机、电焊机、家用电器
机床	金属切削机床、锻压机械、铸造机械
汽车	载货汽车、公路客车、轿车
仪器仪表	自动化仪表、电工仪器仪表、光学仪器、成分分析仪器、汽车仪器仪表、电料装备、电教设备
基础机械	轴承、液压件、密封件、粉末冶金制品、标准紧固件、工业链条、齿轮、模具
包装机械	包装机、装箱机、输送机
环保机械	水污染防治设备、大气污染防治设备、固体废物处理设备

2. 常用机械加工设备

机械加工设备种类繁多、功能各异，见表1-5。

表1-5 常用机械加工设备

分类	说明	图例
车床	主要用于加工各种回转表面及回转体的端面，如车削内外表面、车孔、车槽、车螺纹、车成形面等，还可以进行钻孔、铰孔、滚花等。常用的车床有卧式车床、立式车床、数控车床、六角车床、自动车床等	CA6140 卧式车床 / CA6140 型卧式车床
钻床	主要用于钻孔、扩孔、锪孔、铰孔及攻螺纹等。常用的钻床有台式钻床、立式钻床、摇臂钻床等	Z3050 摇臂钻床
镗床	主要用于钻孔、扩孔、镗孔、镗螺纹、镗平面等。常用的镗床有卧式镗床、立式镗床、坐标镗床等	TX68 卧式镗床

（续表）

分类	说明	图例
铣床	主要用于铣内外平面、台阶、沟槽和成形面，还可以进行钻孔、铰孔、镗孔、铣花键槽、铣齿轮和螺旋槽等。常用的铣床有升降台铣床、龙门铣床、工具铣床、仿形铣床、仪表铣床和数控铣床等	X6132 型卧式万能升降台铣床　　X62W 万能型铣床
磨床	主要用于磨削内外表面、平面，磨花键、螺纹、齿轮，磨成形面等。常用磨床有外圆磨床、内圆磨床、平面及端面磨床、工具磨床等	M1432 型万能外圆磨床
刨床	主要用于刨削平面、沟槽、曲面等。常用的刨床有牛头刨床、龙门刨床等	B665 牛头刨床
齿轮加工机床	主要用于加工内外齿轮、齿条等。常用的齿轮加工机床有滚齿机、插齿机、车齿机、刨齿机、铣齿机、拉齿机等	Y3150 型滚齿机
特种加工机床	主要用于高强度、高硬度、高韧性、高脆性、耐高温、耐磁性等难切削的材料，以及具有特殊结构、形状复杂、精度要求高和表面粗糙度值要求小的零件加工。常用的特种加工机床有电火花线切割机床、电火花成形机床等	电火花线切割机床

1.2　课程的性质、任务及学习方法

（续表）

分类	说明	图例
加工中心	主要用于形状比较复杂、精度要求较高、产品更换频繁的中小批量生产。常用的加工中心有立式加工中心、卧式加工中心、车削加工中心等	立式加工中心　加工中心结构展示

练一练：

1. 早在2000多年前，＿＿＿＿＿、＿＿＿＿＿、＿＿＿＿＿等国就已利用风车提水灌溉、碾磨谷物。
2. 18世纪以后，以瓦特的＿＿＿＿＿、＿＿＿＿＿的蒸汽机车、＿＿＿＿＿的螺纹切削机床等为代表的一批令人瞩目的科技成果陆续出现。
3. 第二次工业革命，是从＿＿＿＿＿的广泛应用开始的。
4. 构件是＿＿＿＿＿的单元，零件是＿＿＿＿＿的单元。
5. 简述机器与机构的区别。
6. 根据行业不同，机械设备分为哪几类？

查一查：

到网络或图书馆查一查，记录一下我国数控机床的发展历程，与同学进行交流。

1.2　课程的性质、任务及学习方法

学习导入

机械基础是综合应用各先修课程的基础理论知识，结合生产实践，研究机械的一门专业基础课程。学习本课程对于机械类专业的学生具有举足轻重的作用。

学习目标

1. 了解机械基础课程的性质与内容；
2. 熟悉机械基础课程的任务和要求；
3. 了解机械基础课程的学习方法。

1.2.1 课程的性质和内容

机械基础是职业技术学校机械类专业的一门重要专业基础课程。本课程内容较多,知识面较广,主要包括力学基础、工程材料、常用机构、连接、机械传动、支承零部件、机械的节能环保与安全防护等知识。

1.2.2 课程的任务和要求

通过本课程的学习,应达到以下要求:
（1）了解简单力学的基础知识；
（2）熟悉常用工程材料的牌号,能够合理选择常用工程材料；
（3）理解常用机构的工作原理,掌握其应用场合；
（4）掌握各种常用的连接,熟悉其应用范围；
（5）了解机械传动的工作原理,掌握其应用特点及场合；
（6）熟悉常用支承零部件,掌握其基本知识；
（7）了解节能环保知识,具备安全防护意识。

1.2.3 课程的学习方法

本课程由于知识多、概念多、符号多、图表多和系统性差、逻辑性差等方面的原因,学习时要多思考,在深入理解概念的基础上,多观察、多分析日常生产和工程实践中的实例；另外,同学之间应多讨论、多沟通、多交流,相互学习,共同提高。学习中要注意理论联系实际,有条件的要尽量多深入企业或校办工厂；要把理论知识的学习与实践操作相互结合,以加深对知识的消化与吸收。

通过本课程的学习,逐步提高自己发现问题、分析问题与解决问题的能力。要特别注重实践能力和创新能力的培养,加强技能训练,全面提高自身综合素质和综合职业能力。

议一议：

1. 同学之间议一议,谈谈如何把"机械基础"课程学好。

2. 同学之间议一议,谈谈《中国制造2025》中的"五大工程""十大领域"有哪些内容。

练一练：

1. 机械基础是一门什么性质的课程？它主要包括哪些内容？
2. 学习完"机械基础"课程,应达到哪些基本要求？

第 2 章 力学基础

各种机械都是由许多不同的零部件组成的,当机械工作时,这些零部件将受到力的作用。因此,对机械的研究、制造和使用需要力学理论作为基础。

力学是以工程技术为背景的应用基础学科,主要研究工程技术中的普遍规律和共性问题,包括静力学与材料力学两部分内容。静力学主要研究物体在力系作用下的平衡规律;材料力学主要研究构件在外力作用下变形和破坏的规律。

2.1 力、力矩、力偶、力的投影

学习导入

作用在被研究物体上的一组力称为力系。力和力偶是组成力系的两个基本物理量。静力学公理总结了力对物体作用的最基本的规律。

学习目标

1. 了解力的概念及力的效应;
2. 熟悉力的基本性质;
3. 理解力矩概念,掌握力矩的计算方法;
4. 理解力偶的概念及力偶的性质;
5. 掌握力在坐标轴上投影的计算。

2.1.1 力的概念与基本性质

1. 力的概念

力是物体间相互的机械作用。其作用结果使物体的运动状态和形状尺寸发生改变。力使物体运动状态发生改变称为力的外效应；力使物体形状尺寸发生改变称为力的内效应。

| 力是具有大小和方向的矢量。 | ⇒ | 本章用粗黑体字母表示矢量（如 $\boldsymbol{F}$），用 F 表示力的大小。实践证明，力对物体的作用效应取决于力的三个要素，即力的大小、方向和作用点。这三个要素任何一个改变，力对物体的作用效果也随之改变。 |

力的三要素可用带箭头的有向线段（矢线）示于物体作用点上，如图 2-1 所示。线段的长度（按一定比例画出）表示力的大小，箭头的指向表示力的方向，线段的起始点或终止点表示力的作用点。通过力的作用点沿力的方向的直线，叫做力的作用线。

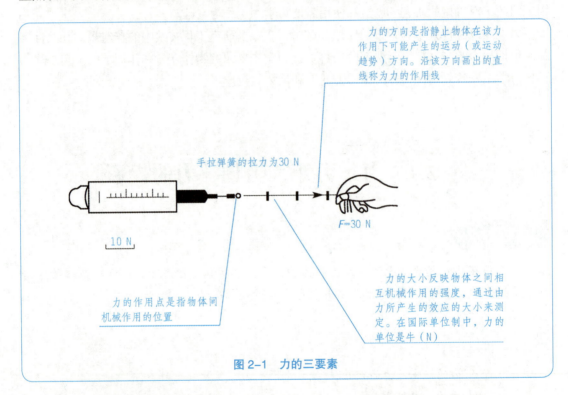

图 2-1 力的三要素

2. 力的基本性质

静力学公理概括了力的一些基本性质，是静力学全部理论的基础。

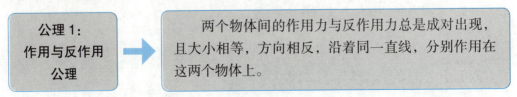

如图 2-2（b）所示，将重量为 G 的球放在桌面上，球对桌面有一作用力 F_N，桌面对球即有一反作用力 F_N'，前者作用于桌面上，而后者作用于球上。

2.1 力、力矩、力偶、力的投影

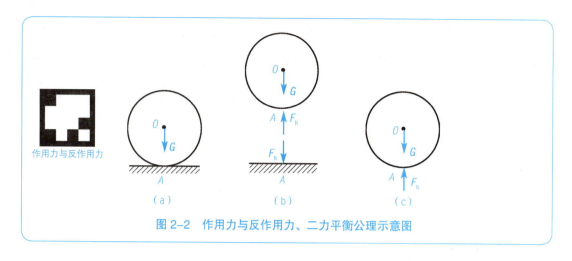

图 2-2 作用力与反作用力、二力平衡公理示意图

这个公理说明力永远是成对出现的，物体间的作用总是相互的，有作用力就有反作用力，两者总是同时存在，又同时消失。

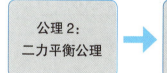 刚体只受两个力作用而处于平衡状态时，必须也只需这两个力的大小相等，方向相反，且作用在同一条直线上。

如图 2-2（c）所示，以球为研究对象，可知球受到重力 G 和桌面施加的作用力 F_N'，这两个力同时作用在球上，且等值、反向、共线，此二力为平衡力。

二力平衡条件只适用于刚体。二力等值、反向、共线是刚体平衡的必要与充分条件。对于非刚体，二力平衡条件只是必要的，而非充分的，并非满足等值、反向、共线的作用力就可以平衡。

只受两个力作用而处于平衡的构件，称为二力构件。当构件呈杆状时，则称为二力杆。

如图 2-3 所示，图中的杆 CD，若不计自重，就是一个二力杆。这时 F_C 和 F_D 的作用线必在二力作用点的连线上，且等值、反向。

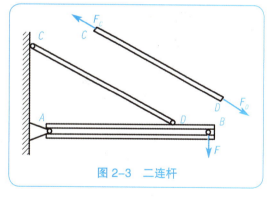

图 2-3 二连杆

 想一想：
1. 公理 1 和公理 2 有何区别？
2. 二力构件的受力特点是什么？

| 公理 3: 加减平衡力系公理 | → | 在作用着已知力系的刚体上，加上或减去任意的平衡力系，并不改变原力系对刚体的作用效果。 |

这个公理常被用来简化已知力系，在以后推导许多定理时要用到它。

公理 3 的应用：力的可传性原理

作用于刚体上某点的力，可以沿其作用线移到刚体上任意一点，而不改变该力对刚体的作用效果。

如图 2-4 所示，用力 F 在 A 点推小车，与用力 F_1 ($=F$) 在 B 点拉小车，两者的作用效果是相同的。

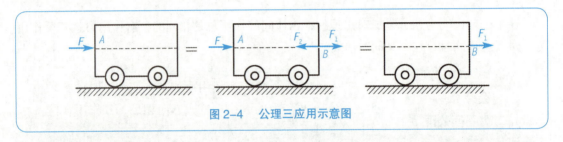

图 2-4　公理三应用示意图

| 公理 4: 力的平行四边形公理 | → | 作用于物体上同一点的两个力，可以合成为一个合力。合力也作用于该点上。合力的大小和方向，用这两个力为邻边所构成的平行四边形的对角线确定。 |

如图 2-5 所示，F_1、F_2 为作用于物体上同一点 O 的两个力，以这两个力为邻边作出平行四边形 OABC，则从 O 点作出的对角线 OB，就是 F_1 与 F_2 的合力 F_R。矢量式表示为

$$F_R = F_1 + F_2 \text{（读作合力 } F_R \text{ 等于力 } F_1 \text{ 和 } F_2 \text{ 的矢量和）}$$

想一想：
1. 能否使求合力的方法更简便？
2. 两个以上共点力如何合成？

力的平行四边形公理

公理 4 的应用：三力平衡汇交定理

若作用于物体同一平面上的三个互不平行的力使物体平衡，则它们的作用线必汇交于一点。

三力平衡汇交定理是共面且不平行三力平衡的必要条件，但不是充分条件，即同一平面作用线汇交于一点的三个力不一定都是平衡的。物体只受共面三个力作用而平衡，称为三力构件。

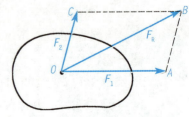

图 2-5　力的平行四边形公理

2.1.2 力矩

1. 力矩的概念

力对物体的作用，不但能使物体移动，还能使物体转动。为了度量力使物体绕一点转动的效应，力学中引入力对点的矩（简称力矩）的概念。现以用扳手拧紧螺母为例，说明力矩的概念。

如图2-6所示，由经验可知，螺母的拧紧程度不仅与力 F 的大小有关，而且与螺母中心O到力 F 作用线的距离h有关。显然，力 F 的值一定时，h越大，螺母将拧得更紧。此外，如果力 F 的作用方向与图所示的相反，则扳手将使螺母松开。

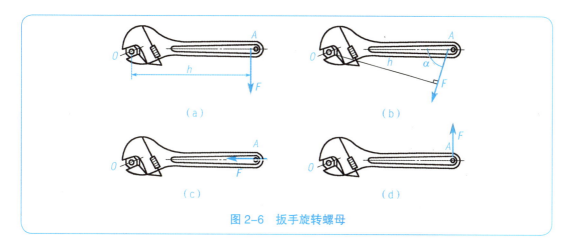

图2-6 扳手旋转螺母

因此，力的大小F与力臂h的乘积冠以适当的正负号作为力 F 使物体绕O点转动效应的度量，称为力 F 对O点的矩，简称力矩，以符号 $M_O(F)$ 表示，即

$$M_O(F) = \pm Fh \tag{2-1}$$

式中：O称为力矩中心（矩心）。O点到力 F 作用线的距离h称为力臂。力使物体绕矩心作逆时针方向转动时，力矩为正，如图2-6（a）所示；力使物体绕矩心作顺时针方向转动时，力矩为负，如图2-6（b）所示。

想一想： 力矩在什么情况下等于零？

力矩的单位取决于力和力臂的单位，在国际单位制中力矩的单位为N·m。

例2-1 $F=100\,N$ 的力，按图2-7所示两种情况作用在锤柄上，柄长 l=300 mm，试求力 F 对支点O的矩。

解： ①如图2-7（a）所示，支点O到力 F 作用线的垂直距离即力臂h为柄长l，力使锤柄作逆时针转动，力 F 对支点O的矩为

$$M_O(F) = Fl = 100 \times 300 = 30\,000\,N·mm = 30\,N·m$$

②如图2-7（b）所示，力臂 h= lcos30°，力使锤柄作顺时针转动，力 F 对支点O的矩为

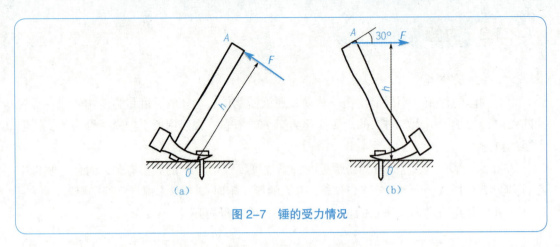

图 2-7 锤的受力情况

$$M_O(F) = -Fh = 100 \times 300 \times \cos 30° = -25\,981 \text{ N·mm} = -25.981 \text{ N·m}$$

 2. 合力矩定理

平面汇交力系的合力对平面内任一点的矩，等于力系中各分力对于同一点力矩的代数和，即

$$M_O(F) = M_O(F_1) + M_O(F_2) + \cdots + M_O(F_n) = \sum M_O(F_i) \qquad (2\text{-}2)$$

> **查一查：**
> 当力臂 h 的几何关系比较复杂，不易计算时，如何计算力矩？

2.1.3 力偶

力偶

 1. 力偶的概念

作用在同一物体上，使物体产生转动效应的大小相等、方向相反、不共线的两个平行力所组成的力系称为力偶，记作 (F, F')，如图 2-8 所示。

力偶中两力之间的距离 d 称为力偶臂，两个力的作用线所决定的平面称为力偶的作用面。力偶对物体只能产生转动效应，与力 F 的大小成正比，与力偶臂 d 的大小成正比；用 F 与 d 的乘积度量力偶的大小，称为力偶矩，用符号 $M(F, F')$ 表示，或简写为 M，即

$$M = \pm Fd \qquad (2\text{-}3)$$

力偶在其作用面内的转向不同，其作用效果也不相同。力偶逆时针转向，力偶矩为正，顺时针转向，力偶矩为负。力偶矩的单位为 N·m。

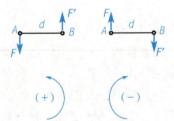

图 2-8 力偶的表示法

> **想一想：**
> 力偶对物体的转动效应取决于哪些要素？

2. 力偶的基本性质

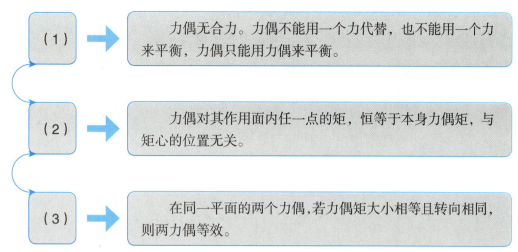

（1）力偶无合力。力偶不能用一个力代替，也不能用一个力来平衡，力偶只能用力偶来平衡。

（2）力偶对其作用面内任一点的矩，恒等于本身力偶矩，与矩心的位置无关。

（3）在同一平面的两个力偶，若力偶矩大小相等且转向相同，则两力偶等效。

推论 1：力偶可以在它的作用面内任意移动和转动，而不改变它对物体的作用效果。

推论 2：只要保持力偶矩的大小和力偶的转向不变，同时改变力偶中力的大小和力偶臂的长短，不会改变力偶对物体的作用效果。图 2-9 所示为力偶的几种等效代换表示法。

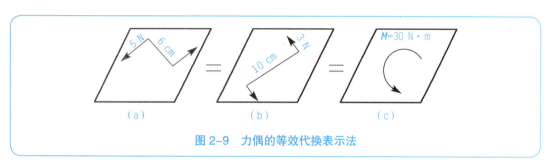

图 2-9　力偶的等效代换表示法

2.1.4 力的投影

如图 2-10 所示，在直角坐标系 Oxy 平面内有一已知力 F，此力与 x 轴所夹的锐角为 α。从力 F 的两端 A 和 B 分别向 x、y 轴作垂线，得线段 ab 和 a′b′。其中 ab 称为力 F 在 x 轴上的投影，以 F_x 表示；a′b′ 称为力 F 在 y 轴上的投影，以 F_y 表示。

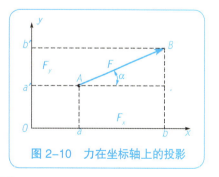

图 2-10　力在坐标轴上的投影

力在坐标轴上的投影是代数量，有正负的区别。当投影的指向与坐标轴的正向一致时，投影为正号；反之为负号。若力 F 与 x 轴夹角为 α，则其投影表达式为

$$\begin{cases} F_x = \pm F\cos\alpha \\ F_y = \pm F\sin\alpha \end{cases} \tag{2-4}$$

当力与坐标轴垂直时，力在该轴上的投影为零；当力与坐标轴平行时，其投影的绝对值与该力的大小相等。

例 2-2 试求图 2-11 中 F_1、F_2、F_3 各力在 x 轴及 y 轴上的投影。

解：
$$\begin{cases} F_{1x}=-F_1\cos60° =-0.5F_1 \\ F_{1y}=F_1\sin60° =0.866F_2 \end{cases}$$

$$\begin{cases} F_{2x}=-F_2\sin60° =-F_2\cos30° =-0.866F_2 \\ F_{2y}=-F_2\cos60° =-F_2\sin30° =-0.5F_2 \end{cases}$$

$$\begin{cases} F_{3x}=0 \\ F_{3y}=-F_3 \end{cases}$$

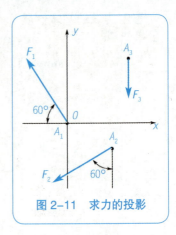

图 2-11 求力的投影

练一练：

1. 力是物体间相互的_____作用，力的作用效应取决于力的_____、_____和_____三个要素。

2. 刚体在三个力作用下处于平衡状态，其中两个力的作用线汇交于一点，则第三个力的作用线一定通过_____。

3. 欲使作用在刚体上的两个力平衡，其充分与必要条件是两个力的大小_____，方向_____，且作用在_____。

4. 大小_____、方向_____、作用线_____的二力组成的力系，称为力偶。力偶使物体转动的效应，以_____和_____的乘积来度量，这个乘积称为_____，用符号_____表示。

5. 力偶无_____，力偶只能用_____平衡，力偶对其作用面内任一点的矩，恒等于_____，与矩心的位置_____。

6. 如图 2-12 所示，已知 $F_1=F_2=10$ N。试分别计算出各力在 x、y 轴上的投影。

7. 如图 2-13 所示，矩形板 ABCD 中，AB=100 mm，BC=80 mm，若力 F=10 N，α=30°。试分别计算力 F 对 A、B、C、D 各点的矩。

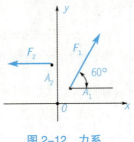

图 2-12 力系

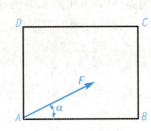

图 2-13 矩形板

2.2　约束、约束反力和受力图的应用

学习导入

受力图是表示物体受力情况的简图，显示了研究对象受力状况的全貌，是对物体进行静力计算的基础和依据。

学习目标

1. 了解各种常见约束的性质，能正确表示各种约束的约束反力；
2. 会对物体进行受力分析，能正确画出研究对象的受力图。
3. 通过本节内容学习，培养学生规范意识、严谨细致的态度和精益求精的工匠精神。

2.2.1　约束与约束反力

在力学分析中，通常把物体分成两类：一类是可以沿空间任何方向运动的物体，称为自由体，如飞行中的飞机、水中游动的鱼；一类是运动受周围物体的限制而不能沿某些方向运动的物体，称为非自由体，如火车受到铁轨的限制、车床尾架受床身导轨的限制等。

一个物体的运动受到周围物体的限制时，这些周围物体就称为该物体的约束，而这个受到约束的物体称为被约束物体。约束对物体有力的作用，这种力称为约束反作用力，简称为约束反力或反力。约束反力是阻碍物体运动的力，属于被动力。

下面介绍几种常见的约束类型及其约束反力的表示方法。

1　柔体约束

由柔软的绳索、链条、传动带等所形成的约束，柔体只能承受拉力，不能承受压力，只能限制物体（非自由体）沿柔体约束的中心线离开约束的运动，而不能限制其他方向的运动。柔性约束反力作用于连接点，方向沿着绳索等背离被约束物体。通常用符号 F_T 或 F_S 表示。

如图2-14所示，用连接于铁环A的钢丝绳，吊起一减速器箱盖，箱盖的重力 G 是主动力。根据柔体约束反力的特点，可以确定钢丝绳给铁环A的力一定是拉力（图中的 F_{T1}、F_{T2} 和 F_T）。钢丝绳给箱盖的力也是拉力（F'_{T1}、F'_{T2}）。

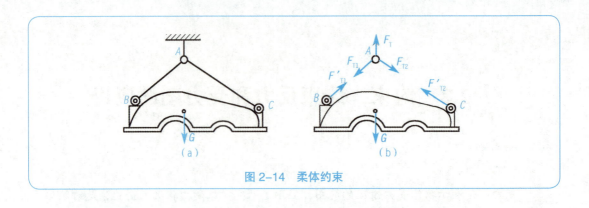

图 2-14 柔体约束

| 2 | 光滑面约束 | 两个互相接触的物体，如接触面上的摩擦力很小可略去不计时，这种光滑接触面所构成的约束称为光滑面约束。光滑面约束的反作用力通过接触点，方向总是沿接触表面的公法线指向受力物体，使物体受一法向压力作用。这种约束反力也称法向反力，通常以符号 F_N 表示。 |

如图 2-15 所示，物体与约束在 A、B、C 三处均为点与直线（或直线与平面）接触，约束反力沿接触处的公法线指向被约束物体。

| 3 | 铰链约束 | 铰链是指采用圆柱销将两构件连接在一起而构成的连接件。如图 2-16 所示，这种约束是采用圆柱销 C 插入构件 A 和 B 的圆孔内而构成，其接触面是光滑的。这种约束使构件 A 和 B 相互限制了彼此的相对移动，而只能绕圆柱销 C 的轴线自由转动。这种由铰链构成的约束称为铰链约束。铰链约束应用广泛，如门和门框的连接、曲柄连杆机构中曲柄与连杆的连接等。 |

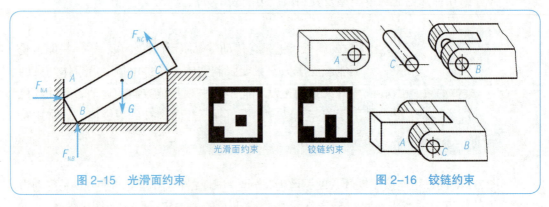

图 2-15　光滑面约束　　　　　　　　图 2-16　铰链约束

铰链约束常见的有固定铰链支座约束和活动铰链支座约束。

（1）固定铰链支座。用圆柱销连接的两构件中，有一个是固定的，称为支座，其构造如图 2-17（a）所示，圆柱销 C 将支座 B 与构件 A 连接，构件可绕圆柱销的轴线旋转。图 2-17（b）是固定铰链支座的简图。

固定铰链支座约束能限制物体（构件）沿圆柱销半径方向的移动，但不限制其转动，其约束反力 F_R 必定通过圆柱销的中心，大小及方向需根据构件受力情况才能确定。在画图和计算时，常用相互垂直的两个分力 F_{Rx} 和 F_{Ry} 来代替，如图 2-17（c）所示。

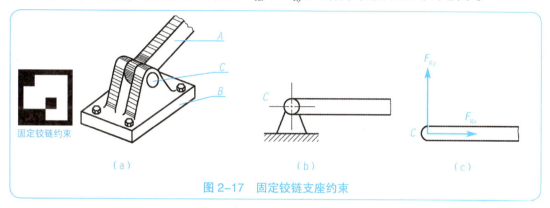

图 2-17　固定铰链支座约束

（2）活动铰链支座。工程中常将桥梁、房屋等结构用铰链连接在有几个圆柱形滚子的活动支座上，在不计摩擦的情况下，支座在滚子上可以作左右相对运动，允许两支座间距离稍有变化，能够限制被连接件沿支承面法线方向的上下运动，这种约束称为活动铰链支座，如图 2-18（a）所示。图 2-18（b）所示为活动铰链支座约束的简图。

活动铰链支座约束反力的作用线必通过铰链中心，并垂直于支承面，其指向随受载荷情况不同有两种可能，如图 2-18（c）所示。

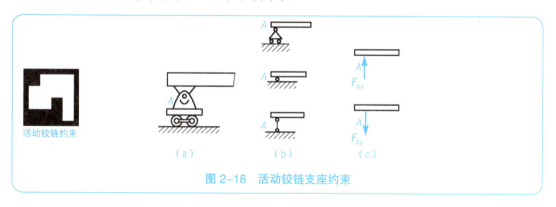

图 2-18　活动铰链支座约束

4　固定端约束

构件的一端牢牢插入支承物内而构成的约束称为固定端约束，如图 2-19（a）所示，车床上的刀架对车刀的约束，其受力简图如图 2-19（b）所示。固定端约束不仅限制物体在约束处沿任何方向的移动，也限制物体在约束处的转动。因此，这种固定端约束必然会产生一个方向未定的约束反力 F_A（可用它的水平分力 F_{Ax} 和垂直分力 F_{Ay} 来代替）和一个约束反力偶 M_A，如图 2-19（c）所示。

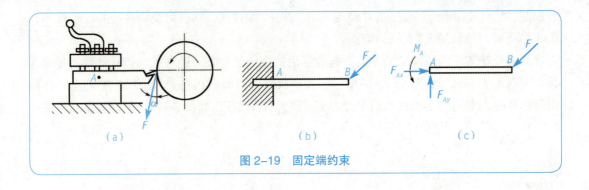

图 2-19 固定端约束

2.2.2 物体的受力分析与受力图

物体的受力分析与受力图是为了清楚地表示物体的受力情况，需要把所研究的物体（称为研究对象）从所受的约束中分离出来，单独画出它的简图，然后在它上面画上所受的全部主动力和约束反力。由于已将研究对象的约束解除，因此应以约束反力来代替原有的约束作用。解除约束后的物体称为分离体。画出分离体上所有作用力（包括主动力和约束反力）的图称为物体的受力图。

1. 画受力图的步骤

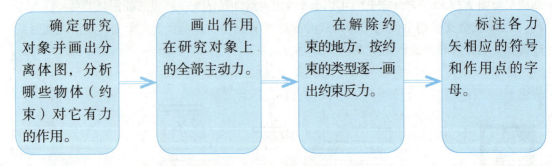

例 2-3 均质球重 G，用绳系住，并靠于光滑的斜面上，如图 2-20（a）所示。试分析球的受力情况，并画出受力图。

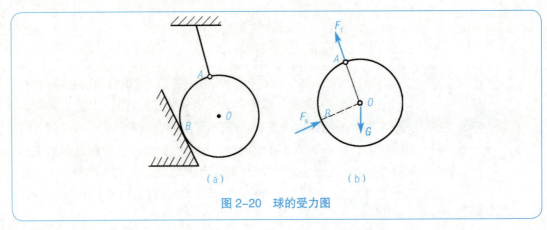

图 2-20 球的受力图

24

解：①确定球为研究对象。

②作用在球上的力有：球的重力 G（作用于球心，铅直向下），绳的拉力 F_T（作用于 A 点，沿绳并离开球体），斜面的约束反力 F_N（作用于接触点 B，垂直于斜面并指向球心）。

③根据以上分析，将球及其所受的各力画出，准确标注作用点字母、各力矢符号，即得球的受力图，如图 2-20（b）所示。球受 G、F_T、F_N 三力的作用而平衡，此三力满足三力平衡汇交原理，其作用线相交于球心 O。

例 2-4　水平梁 AB，在 A 端受固定铰链支座约束，B 端受活动铰链支座约束，在 C 处受外力 F 作用，如图 2-21（a）所示，试画出梁 AB 的受力图（梁 AB 自重不计）。

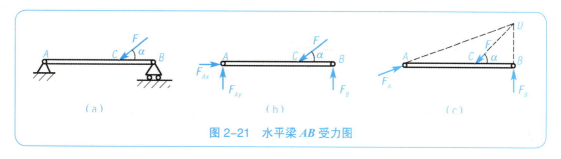

图 2-21　水平梁 AB 受力图

解：①确定梁 AB 为研究对象。

②作用在梁上的力有：C 处集中力 F，A 端固定铰链支座的约束反力 F_A（由于方向未知，可用两个大小未定的垂直分力 F_{Ax} 和 F_{Ay} 代替），在 B 端受活动铰链支座的约束反力 F_B（通过铰链中心，垂直于支承面）。

③根据以上分析，将梁及其所受的各力画出，准确标注作用点字母、各力矢符号，即得梁的受力图，如图 2-21（b）所示。

> 议一议：
> 水平梁 AB 的受力图还可以画成图 2-19（c）所示的形式，为什么？

例 2-5　水平梁 AB 用斜杆 CD 支撑，A、C、D 三处均为光滑铰链连接，均质梁重 G。其上放置一质量为 G_1 的电动机，如图 2-22（a）所示。如不计杆 CD 的自重，试分别画出杆 CD 和梁 AB（包括电动机）的受力图。

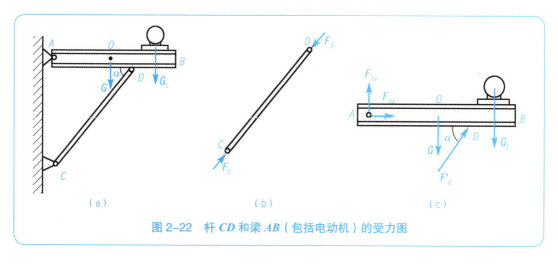

图 2-22　杆 CD 和梁 AB（包括电动机）的受力图

解：① 先分析斜杆 CD 的受力情况。由于斜杆的自重不计，因此只在杆的两端 C、D 处分别受到铰链的约束反力 F_C、F_D 的作用。显然 CD 杆是一个二力杆，根据二力平衡公理，这两个力必定沿同一直线，且等值、反向。可确定 F_C 和 F_D 的作用线应沿点 C 与点 D 的连线。由经验判断，此处杆 CD 受压力。斜杆 CD 的受力图，如图 2-22（b）所示。

② 取梁 AB（包括电动机）为研究对象。它受到 G 与 G_1 两个主动力的作用，其方向均铅直向下。梁在铰链 D 处受到二力杆 CD 给它的约束反力 F_D' 的作用。根据作用与反作用公理，$F_D = -F_D'$。梁在 A 处受固定铰链支座给它的约束反力 F_A 的作用，由于方向未知，可用两个大小未定的垂直分力 F_{Ax} 和 F_{Ay} 代替。梁 AB 的受力图，如图 2-22（c）所示。

2. 画受力图的注意事项

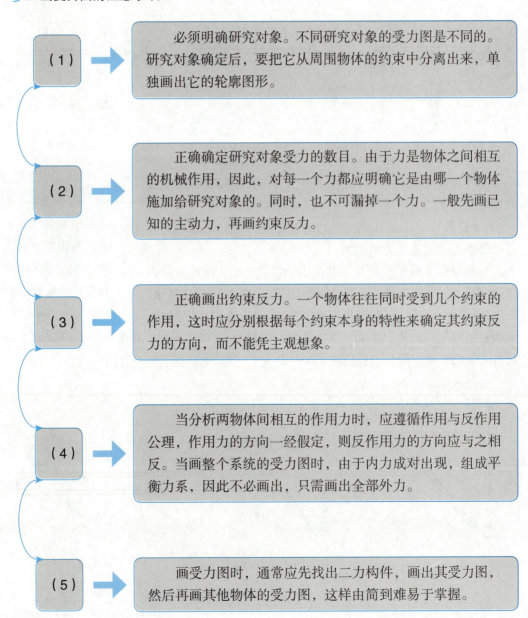

（1）必须明确研究对象。不同研究对象的受力图是不同的。研究对象确定后，要把它从周围物体的约束中分离出来，单独画出它的轮廓图形。

（2）正确确定研究对象受力的数目。由于力是物体之间相互的机械作用，因此，对每一个力都应明确它是由哪一个物体施加给研究对象的。同时，也不可漏掉一个力。一般先画已知的主动力，再画约束反力。

（3）正确画出约束反力。一个物体往往同时受到几个约束的作用，这时应分别根据每个约束本身的特性来确定其约束反力的方向，而不能凭主观想象。

（4）当分析两物体间相互的作用力时，应遵循作用与反作用公理，作用力的方向一经假定，则反作用力的方向应与之相反。当画整个系统的受力图时，由于内力成对出现，组成平衡力系，因此不必画出，只需画出全部外力。

（5）画受力图时，通常应先找出二力构件，画出其受力图，然后再画其他物体的受力图，这样由简到难易于掌握。

练一练：

1. 促使物体运动（或具有运动趋势）的力称为_____，其_____和_____通常是预先确定的。
2. 对非自由体的运动的限制叫做_____。
3. 试画出图 2-23 中球体的受力图。
4. 试画出图 2-24 中 AB 杆（自重不计）的受力图。
5. 如图 2-25 所示，吊架 A、C、D 均为铰链连接，B 处受一力 **F**，各杆自重不计，试画出 AB 杆、CD 杆的受力图。

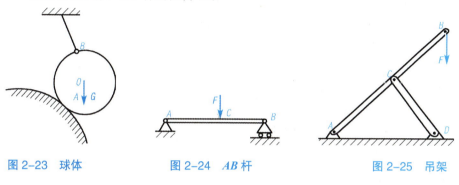

图 2-23　球体　　　　图 2-24　AB 杆　　　　图 2-25　吊架

2.3　平面力系的平衡问题

学习导入

在工程中，作用在物体上的力系有多种形式，如果力系中各力作用在同一个平面内，则称为平面力系。平面一般力系是平面力系的一般情形，其他各种平面力系均为平面任意力系的特殊情形。平面一般力系平衡方程建立了平面受力状态中已知力与未知力之间的普遍关系，运用平衡方程可以解决平面力系的平衡问题。

学习目标

1. 理解平面力系的平衡条件；
2. 能运用平衡方程求解简单的平面力系平衡问题。
3. 通过本节内容学习，培养学生个人与社会和谐相处、团结协作的精神，树立良好的大局观和职业习惯。

2.3.1 平面力系的分类及平衡方程

平面力系的分类及平衡方程见表 2-1。

平面汇交力系平衡
的几何条件

表 2-1 平面力系的分类及平衡方程

分类	特点	力学模型	平衡条件	平衡方程
平面汇交力系	作用在物体上的力的作用线都在同一平面内，且汇交于一点		力系中所有力在任意两个坐标轴上投影的代数和均为零	$\begin{cases}\sum F_{ix}=0\\ \sum F_{iy}=0\end{cases}$
平面平行力系	作用在物体上的力的作用线都在同一平面内，且互相平行		各力在坐标轴上投影的代数和为零，且力系中各力对平面内任意点的力矩的代数和也等于零	$\begin{cases}\sum F_i=0\\ \sum M(F_i)=0\end{cases}$
平面一般力系	作用在物体上的力的作用线都在同一平面内，且呈任意分布		各力在任意两个相互垂直的坐标轴上的分量的代数和均为零，且力系中各力对平面内任意点的力矩的代数和也等于零	$\begin{cases}\sum F_{ix}=0\\ \sum F_{iy}=0\\ \sum M_O(F_i)=0\end{cases}$

2.3.2 未知量的求解

未知量的求解步骤如下：

选取合适的物体为研究对象，画出研究对象的受力图。 → 选取坐标系（坐标轴尽量与未知力垂直或与多数力平行，将坐标原点放在汇交点处），画在受力图上，计算各力的投影。 → 选取矩心（可选在两未知力的交点），计算各力之矩。 → 列平衡方程，求解未知量。

例 2-6 如图 2-26（a）所示，车刀的刀杆夹持在刀架上，形成固定端约束。车刀伸出长度 l = 60 mm，已知车刀所受的切削力 F = 5.2 kN，α = 25°。试求固定端的约束反力。

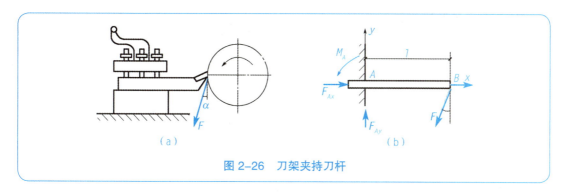

图 2-26 刀架夹持刀杆

解： 取车刀为研究对象，其约束可简化为图 2-26（b）所示情况。其上所受的力有主动力 F、固定端的约束反力 F_{Ax} 和 F_{Ay} 及约束反力偶 M_A（暂假设为逆时针方向）。取坐标轴如图 2-26（b）所示，列出平衡方程如下：

由 $\sum F_{ix} = 0$，得

$$-F\sin 25° + F_{Ax} = 0 \quad (1)$$

由 $\sum F_{iy} = 0$，得

$$-F\cos 25° + F_{Ay} = 0 \quad (2)$$

由 $\sum M_A(F_i) = 0$，得

$$M_A - Fl\cos 25° = 0 \quad (3)$$

由式（1）得

$$F_{Ax} = F\sin 25° = 5.2 \times 0.423 = 2.2 \text{（kN）}$$

由式（2）得

$$F_{Ay} = F\cos 25° = 5.2 \times 0.906 = 4.7 \text{（kN）}$$

由式（3）得

$$M_A = Fl\cos 25° = 5.2 \times 0.06 \times 0.906 = 283 \text{（kN·m）}$$

F_{Ax}、F_{Ay} 的数值为正号，说明原假设各力的方向与实际方向相同；M_A 为正号，说明它的实际转向与假设转向相同，为逆时针方向。

练一练：

1. 平面力系分为_____力系、_____力系和_____力系。
2. 平面一般力系平衡方程中，两个投影式_____和_____保证物体不发生_____；一个力矩式_____保证物体不发生_____。

3. 如图 2-27 所示，起重机的水平梁 AB 的 A 端以铰链固定，B 端用拉杆 BC 拉住。已知梁重 G=4 kN，载荷 G_1=10 kN，梁的尺寸如图所示。试求拉杆的拉力及铰链 A 的约束反力。

4. 如图 2-28 所示，梁 AB（自重不计）受一力偶作用，力偶矩 M=1 kN·m，求支座 A、B 的约束反力。

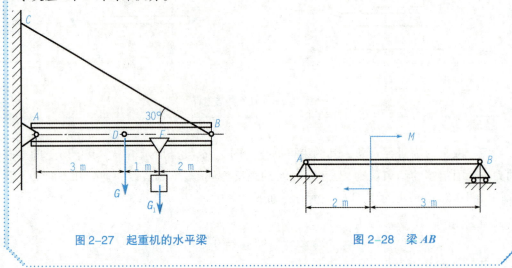

图 2-27　起重机的水平梁　　　　图 2-28　梁 AB

2.4　杆件基本变形和强度条件

学习导入

任何物体在外力的作用下，其几何形状和尺寸大小均会产生一定程度的改变，并在外力增加到一定程度时发生破坏。材料力学研究构件在外力作用下变形和破坏的规律，为工程中使用的各类构件提供选择材料、确定截面形状和尺寸等所必需的基础知识、计算方法。

学习目标

1. 了解杆件变形的四种基本形式，明确各种变形的受力特点和变形特点；
2. 能用截面法计算内力；
3. 能运用计算公式求解应力；
4. 掌握四种基本变形的强度条件及其应用。
5. 通过本节内容学习，培养学生分析问题、解决工程问题的实践能力，树立科学精神。

2.4 杆件基本变形和强度条件

2.4.1 杆件变形的基本形式

工程中的杆件会受到各种形式的外力作用，因此引起的杆件变形也是各式各样的，杆件变形的基本形式有四种，见表 2-2。

表 2-2 杆件变形的基本形式

基本形式	简图	说明
轴向拉伸或压缩	轴向拉伸和压缩的受力特点和变形特点	杆件受到沿轴线方向的拉力或压力作用，杆件变形是沿轴向的伸长或缩短
剪切	剪切变形	构件受到大小相等、方向相反且相距很近的两个垂直于构件轴线方向的外力作用，构件在两个外力作用面之间发生相对错动变形
扭转	扭转变形	杆件受到一对大小相等、转向相反且作用面与杆件轴线垂直的力偶作用，两力偶作用面间的各横截面绕轴线发生相对转动
弯曲		杆件受到垂直于轴线的外力或在杆轴线平面内的力偶作用时，其轴线由直线变成曲线

> **提示：**
> 工程中比较复杂的杆件变形一般都是由这四种基本变形形式构成的组合变形。

2.4.2 内力

1. 内力的概念

因外力作用而引起构件内部之间的相互作用力，称为附加内力，简称内力。内力是因外力而产生的，当外力解除时，内力也随之消失。内力随外力增大而加大，但内力增大有一定限度，如果超过了这个限度，杆件就不能正常工作。四种基本变形的内力见表 2-3。

表2-3　四种基本变形的内力

内力形式	简图	说明
轴力	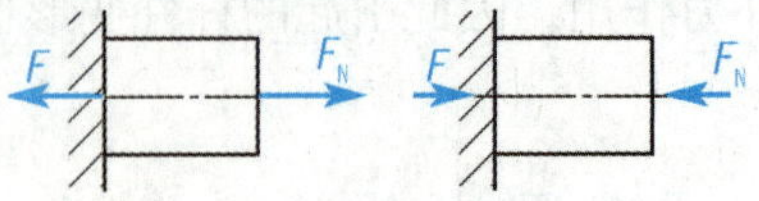	轴向拉、压变形时的内力，作用线与截面垂直，用 F_N 表示
剪力	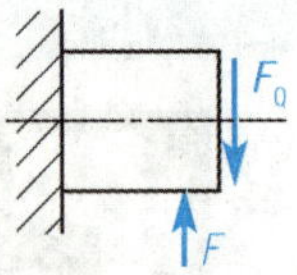	剪切变形时的内力，作用线与截面平行，用 F_Q 表示
扭矩	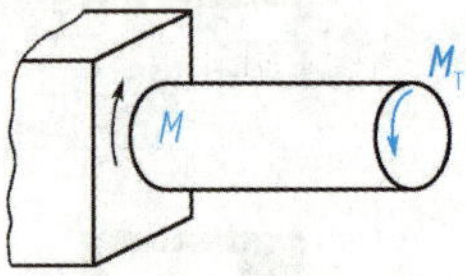	扭转变形时的内力，作用在截面内的内力偶矩，用 M_T 表示
弯矩	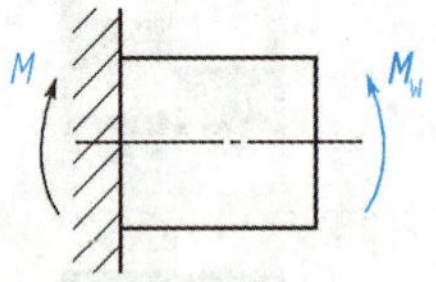	弯曲变形时的内力，作用在杆轴线平行面内的内力偶矩，用 M_W 表示

内力符号的规定见表2-4。

表2-4　内力符号的规定

内力形式	简图	说明
轴力	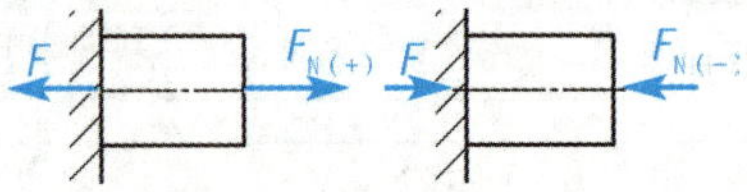	轴力的指向离开截面时，杆受拉，轴力为正；当轴力指向截面时，杆受压，轴力为负
扭矩	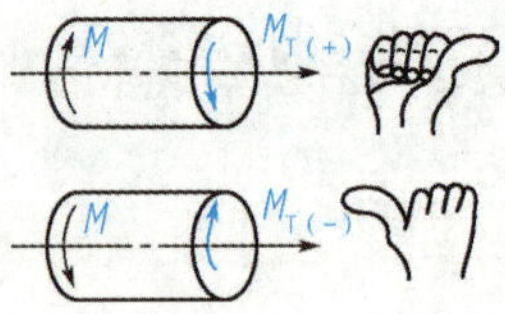	以右手手心对着轴，四指沿扭矩的方向屈起，拇指的方向离开截面，扭矩为正；拇指的方向指向截面，扭转为负
弯矩	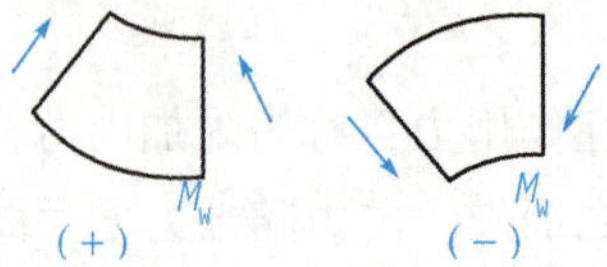	梁弯曲成凹面向上时，横截面上的弯矩为正；弯曲成凸面向上时，弯矩为负

2. 内力的计算

材料力学中求内力的基本方法是截面法，就是取杆件的一部分为研究对象，利用静力学平衡方程求内力。用截面法求内力按以下三个步骤进行：

| 截开：沿欲求内力的截面，假想地把杆件分成两部分。 | 代替：取其中一部分为研究对象，弃去另一部分。将弃去部分对研究对象的作用以截面上的内力（力或力偶）来代替，在计算内力时，一般采取设正法，画出其受力图。 | 平衡：列出研究对象的静力学平衡方程，确定未知内力的大小和方向。 |

例 2-7 图 2-29（a）所示为一液压系统中液压缸的活塞杆。作用于活塞杆轴线上的外力可以简化为 F_1=9.2 kN，F_2=3.8 kN，F_3=5.4 kN。试画各截面的内力。

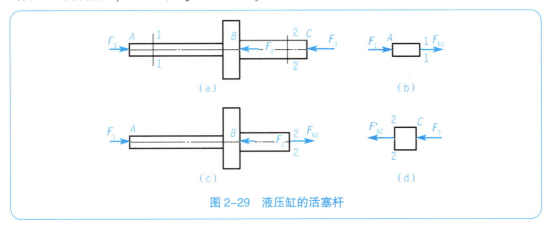

图 2-29 液压缸的活塞杆

解： ①计算截面 1-1 上的内力。沿截面 1-1 将杆件截开，取左侧部分为研究对象，用指向离开横截面 F_{N1} 代替右侧对左侧的作用，画其受力图，如图 2-29（b）所示。

由 $\sum F_x = 0$，得

$$F_1 + F_{N1} = 0$$

$$F_{N1} = -F_1 = -9.2 \text{ kN}（内力为压力）$$

②计算截面 2-2 上的内力。沿截面 2-2 将杆件截开，取左侧部分为研究对象，用指向离开横截面 F_{N2} 代替右侧对左侧的作用，画其受力图，如图 2-29（c）所示。

由 $\sum F_x = 0$，得

$$F_1 - F_2 + F_{N2} = 0$$

$$F_{N2} = -F_1 + F_2 = -5.4 \text{ kN}（内力为压力）$$

想一想：
在例 2-7 中，若 BC 段上取截面 2-2 的右段为研究对象，其计算结果如何？

查一查：

如何用截面法求剪力、扭矩和弯矩？

2.4.3 应力

构件在外力作用下，单位面积上的内力称为应力。与截面垂直的应力称为正应力，与截面相切的应力称为切应力。应力＝内力／截面几何参数。四种基本变形的应力见表2-5。

表2-5　四种基本变形的应力

轴向拉伸或压缩变形	剪切变形
正应力 $\sigma = F_N/A$ 式中：σ 为杆件横截面上的正应力； 　　　F_N 为杆件横截面上的轴力（N）； 　　　A 为杆件横截面面积（m²）	切应力 $\tau = F_Q/A$ 式中：τ 为杆件横截面上的切应力； 　　　F_Q 为杆件横截面上的轴力（N）； 　　　A 为剪切面面积（m²）
扭转变形	弯曲变形
最大切应力 $\tau_{max} = M_{Tmax}/W_n$ 式中：τ_{max} 为横截面上的最大切应力； 　　　M_{Tmax} 为横截面上的最大扭矩（N·m）； 　　　W_n 为抗扭截面系数（m³）	最大正应力 $\sigma_{max} = M_{Wmax}/W_Z$ 式中：σ_{max} 为横截面上的最大正应力； 　　　M_{Wmax} 为横截面上的最大弯矩（N·m）； 　　　W_Z 为抗弯截面系数（m³）
注：应力的单位为Pa（帕）或MPa（兆帕）。	

提示：

$1 \text{ Pa} = 1 \text{ N/m}^2$，$1 \text{ MPa} = 1 \text{ N/mm}^2$，$1 \text{ GPa} = 10^3 \text{ MPa} = 10^6 \text{ kPa} = 10^9 \text{ Pa}$

查一查：

应力计算时，四种基本变形的截面几何参数是如何确定的？

2.4.4 强度条件及应用

构件工作时，由载荷引起的应力称为工作应力。构件失去正常工作能力时的应力，称为极限应力。把极限应力除以大于1的系数，作为材料的许用应力。各种材料在不同工作条件下的许用应力，可以从有关规范或设计手册中查到。为了保证构件不致因强度不够而失去正常工作的力，强度计算中，限制构件最大工作应力不超过材料的许用应力的条件，称为强度条件。四种基本变形的强度条件见表2-6。

2.4 杆件基本变形和强度条件

表 2-6 四种基本变形的强度条件

基本变形	轴向拉（压）变形	剪切变形	扭转变形	弯曲变形
强度条件	$\sigma = F_N/A \leq [\sigma]$	$\tau = F_Q/A \leq [\tau]$	$\tau_{max} = M_{Tmax}/W_n \leq [\tau]$	$\sigma_{max} = M_{Wmax}/W_Z \leq [\sigma]$

注：$[\sigma]$ 为材料的许用正应力；$[\tau]$ 为材料的许用切应力。

根据强度条件表达式，可解决工程中以下三类强度问题：强度校核、选择截面尺寸、确定许可载荷。

🔍 1. 强度校核

当已知杆件的截面面积、材料的许用应力及所受的载荷，验算杆件的强度是否足够，即可用强度条件判断杆件能否安全工作。计算公式见表 2-6。

🔍 2. 选择截面尺寸

若已知杆件所受载荷和所用材料，根据强度条件，可以确定该杆件所需横截面尺寸。计算公式见表 2-7。

表 2-7 选择截面尺寸的计算公式

基本变形	轴向拉（压）变形	剪切变形	扭转变形	弯曲变形
计算公式	$A \geq F_N/[\sigma]$	$A \geq F_Q/[\tau]$	$W_n \geq M_{Tmax}/[\tau]$	$W_Z \geq M_{Wmax}/[\sigma]$

🔍 3. 确定许可载荷

若已知杆件尺寸和材料的许用应力，根据强度条件，可以确定该杆件所能承受的最大内力，由静力学平衡关系确定构件或结构所能承受的最大载荷。计算公式见表 2-8。

表 2-8 确定许可载荷的计算公式

基本变形	轴向拉（压）变形	剪切变形	扭转变形	弯曲变形
计算公式	$F_N \leq [\sigma] \cdot A$	$F_Q \leq [\tau] \cdot A$	$M_{Tmax} \leq [\tau] \cdot W_n$	$M_{Wmax} \leq [\sigma] \cdot W_Z$

例 2-8 如图 2-30 所示，一重量为 710 N 的电动机，采用 M8 吊环，螺钉根部直径 d = 6.4 mm。已知许用应力 $[\sigma]$ = 40 MPa，问起吊电动机时，吊环螺钉是否安全。（不考虑圆环部分）

解： 这是属于轴向拉伸变形的强度校核问题。螺钉受到的内力与电动机的总重力相等。

① 由截面法可求得轴力为

$$F_N = F = 710 \text{ kN}$$

② 求得应力为

$$\sigma = F/(\pi d^2/4) = 22.1 \text{ MPa}$$

由于 $\sigma < [\sigma]$，故吊环螺钉的强度足够，起吊电动机时是安全的。

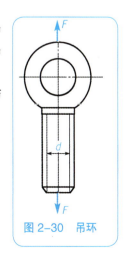

图 2-30 吊环

练一练：

1. 杆件变形的基本变形形式有_____、_____、_____和_____。
2. 轴向拉、压变形时的内力称为_____，用符号_____表示；剪切变形时的内力称为_____，用符号_____表示。
3. 构件在外力作用下，_____的内力称为应力，应力的单位是_____。
4. 强度计算中，限制构件最大工作应力不超过材料的_____的条件，称为强度条件，可用于解决_____、_____和_____三类问题。
5. 空心混凝土立柱，受轴向压力的作用，如图 2-31 所示。已知：$F=300$ kN，$l=125$ mm，$d=75$ mm，材料的许用应力 $[\sigma]=300$ MPa，试校核此立柱的抗压强度。
6. 如图 2-32 所示，钢质拉杆承受载荷 $F=20$ kN，若材料的许用应力 $[\sigma]=100$ MPa，杆的横截面为矩形，且 $b=2a$，试确定 a 与 b 的最小值。

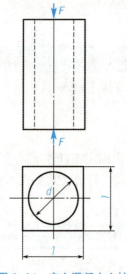

图 2-31 空心混凝土立柱

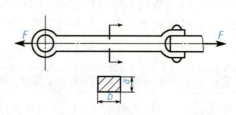

图 2-32 钢质拉杆

课外阅读

屹立千年不倒的历史文物——赵州桥

赵州桥始建于隋代，由匠师李春设计建造，至今已有 1400 余年历史，是我国桥梁建造史上的里程碑。据世界桥梁考证，赵州桥敞肩拱结构，欧洲到 19 世纪中期才出现，比中国晚了一千二百多年。赵州桥的设计施工符合力学原理，结构合理，选址科学，体现了中国古代科学技术上的巨大成就。

赵州桥桥身全长 64.4 米，拱顶宽 9 米，拱脚宽 9.6 米，跨径 37.02 米，拱矢 7.23 米。主拱的两端各有两个小拱，小拱净跨为 2.85 米和 3.81 米。桥体由 28 道并列券拱砌筑，并用勾石、收分、蜂腰、伏石"腰铁"连结加固，提高了整体性。桥面两侧有42块栏板和望柱，雕刻精美，栏板上雕的"斗子卷叶"和"行龙"，半圆雕刻，比例适度，线条流畅。赵州桥是世界上现存年代久远、跨度最大、保存最完整的单孔坦弧敞肩石拱桥，其建造工艺独特，在世界桥梁史上首创"敞肩拱"结构形式，具有较高的科学研究价值；雕作刀法苍劲有力，艺术风格新颖豪放，显示了隋代浑厚、严整、俊逸的石雕风貌，桥体饰纹雕刻精细，具有较高的艺术价值。赵州桥在中国造桥史上占有重要的历史地位，对全世界后代桥梁建筑有着深远的影响。

机械工程材料

材料、信息、能源和生物工程是现代技术的四大支柱,其中材料是人类生产和生活所必需的物质基础,许多国家把材料科学作为重点发展的科学之一。由于材料的重要性,历史学家常根据人类所使用的材料来划分时代。

材料的种类很多,其中用于机械制造的各种材料称为机械工程材料。机械工程材料分为金属材料和非金属材料,而金属材料又分为黑色金属材料和有色金属材料。

3.1 金属材料的性能

学习导入

金属材料被现代工业、农业、国防等部门广泛应用,主要原因是其能满足各种工程构件或机械零件所需的力学性能和工艺性能要求。因此,掌握各种金属材料的性能及其变化规律,根据工作条件及力学性能选择材料,并合理制定热处理工艺,是保证构件或零件质量的基础。

学习目标

1. 了解金属材料的基本概念;
2. 掌握金属材料的力学性能与工艺性能。

3.1.1 金属材料的力学性能

1. 力学性能的主要指标

力学性能是指金属在力或能作用下所显示出来的性能。力学性能包括强度、塑性、硬度、韧性及疲劳强度等,它反映了金属材料在各种外力作用下抵抗变形或破坏的能

3.1 金属材料的性能

力,是选用金属材料的重要依据。

力学性能的主要指标见表 3-1。

表 3-1 力学性能的主要指标

分类	名称	符号	单位	含义
强度	抗拉强度	R_m	MPa	金属材料在静载荷作用下,抵抗塑性变形或断裂的能力称为强度,其大小用应力表示;通常以抗拉强度代表材料的强度指标。抗拉强度和屈服点可以通过拉伸试验测定
	屈服点	R_e		
塑性	断后伸长率	A	%	金属材料在静载荷作用下,产生永久变形而不破坏的能力称为塑性;金属材料的塑性也是通过拉伸试验测定的。一般来说,经过拉伸容易变长、变细的材料的塑性就好;反之则差
	断面收缩率	Z		
硬度	布氏硬度		HBS	金属材料抵抗局部变形、压痕或划痕的能力称为硬度;硬度是衡量金属材料软硬的一个重要指标。硬度可通过在专用的硬度试验机上试验测得
	洛氏硬度		HR	
	维氏硬度		HV	
韧性	冲击韧性	R_k	J/cm²	金属材料抵抗冲击载荷作用而不破坏的能力称为冲击韧性;材料的冲击韧性常用夏比摆锤冲击试验测定。多次小能量冲击的,其冲击抗力主要取决于材料的强度和韧性
疲劳强度	疲劳极限	R_{-1}	MPa	金属材料在无限多次交变载荷作用下而不破坏的最大应力称为疲劳极限;由于疲劳断裂是突然发生的,具有很大的危险性,一般要通过改善零件的结构形状、强化材料的质量来预防

2. 力学性能试验

(1) 拉伸试验。试验时,首先将被测材料加工成标准试样,然后将试样放在拉伸试验机上(图 3-1),通过拉伸试验测量各种数据。

按照国家标准规定,常用拉伸试样有圆形、矩形和八方形几种。图 3-2 所示为圆形试样。图中 d_0 是试样直径,L_0 是标距长度,d_k 是试样缩颈处直径,L_k 是断后标距。

> **提示:**
> 根据标距长度与直径之间关系,试样分为长试样 ($L_0 = 10d$) 和短试样 ($L_0 = 5d$) 两种。

图 3-1 拉伸试验机

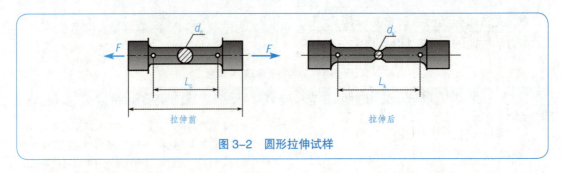

图 3-2　圆形拉伸试样

拉伸试验过程中，随着负荷的均匀增加，试样不断地由弹性伸长过渡到塑性伸长，直至断裂。一般试验机都具有自动记录装置，可以把作用在试样上的力和伸长描绘成拉伸图，称为力—拉伸曲线。图 3-3 所示为低碳钢的力—拉伸曲线。图中纵坐标表示力 F，单位为 N；横坐标表示伸长量 ΔL，单位为 mm。几个变形阶段的主要特征见表 3-2。

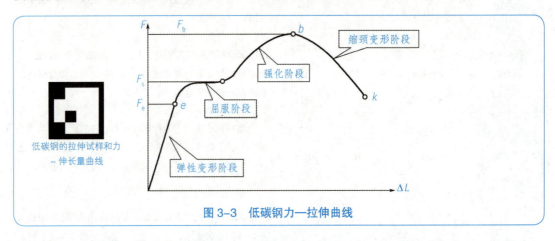

图 3-3　低碳钢力—拉伸曲线

表 3-2　几个变形阶段的主要特征

变形阶段	主要特征
弹性变形阶段	试样的变形完全是弹性的，如果载荷卸除，试样可恢复原状
屈服阶段	当载荷增加到 F_s 时，曲线图上出现平台或锯齿状，这种在载荷不增加或略有减小的情况下，试样还继续伸长的现象称为屈服。F_s 称为屈服载荷。屈服后，材料开始出现明显的塑性变形
强化阶段	在屈服阶段以后，要使试样继续伸长，必须不断加载。随着塑性变形增大，试样变形抗力也在不成比例地逐渐增加，这种现象称为形变强化，此阶段试样的变形是均匀发生的
缩颈变形阶段	当载荷达到最大值 F_b 后，试样的直径发生局部收缩，称为"缩颈"。试样变形所需的载荷也随之降低，而变形继续增加，这时伸长主要集中于缩颈部位，由于颈部附近试样面积急剧减小，致使载荷下降，当达到 k 点时，试样发生断裂

提示：

1. 工程上使用的金属材料，多数没有明显的屈服现象。有些脆性材料，不仅没有屈服现象，而且也不产生"缩颈"，如铸铁等。

2. 通过拉伸曲线可测得强度和塑性两个性能指标。

查一查：
1. 到网络或图书馆查一查强度与塑性指标的计算方法，记下来，同学之间进行交流。
2. 到网络或图书馆查一查，了解我国金属材料的发展历史，记下来与同学进行交流。

（2）硬度试验。硬度测试的方法很多，常用的有布氏硬度试验、洛氏硬度试验和维氏硬度试验，其测量原理、表示方法、特点及应用见表3-3。

表 3-3　硬度试验的测量原理、表示方法、特点及应用

测试方法	测量原理	表示方法	特点及应用
布氏硬度试验	如图 3-4 所示，用一定直径的球体（钢球或硬质合金），以规定的试验力 F 压入试样表面，经过规定保持时间后卸除试验力，然后用测量表面压痕直径的方法来计算硬度	符号 HBS 之前的数字为硬度值，符号后面用数字表示试验条件。如 170HBS10/100/30，表示用直径 10 mm 的钢球，在 980 N 的试验力作用下，保持 30 s 时测得的布氏硬度值为 170	布氏硬度采用的试验力大，球体直径大，因而压痕直径也大，能较准确地反映出较大范围内金属材料的平均硬度，因此测定硬度值较准确，数据重复性强。但操作时间长，压痕测量较费时，对金属表面的损伤也大，不宜测量成品及薄件。常用于测量灰铸铁、有色金属及各种硬度不高的钢件
洛氏硬度试验	如图 3-5 所示，采用金刚石圆锥体或淬火钢球压头，压入金属表面后，经规定保持时间后卸除主试验力，以测量的压痕深度来计算洛氏硬度值	为了用一台硬度计测量不同金属材料的硬度，采用不同的压头和主试验力组成 15 种洛氏硬度标尺，常用的是 A、B、C 三种，其中 C 标尺应用较广。洛氏硬度用符号 HR 表示，前面的数字表示硬度值，后面的字母表示不同洛氏硬度的标尺。如 50HRC 表示用 C 标尺测定的洛氏硬度值为 50	洛氏硬度试验操作简单迅速，能直接从刻度盘上读出硬度值；压痕小，无损试件表面，可直接测量成品及较薄工件；测量的硬度值范围大，可测从很软到很硬的金属材料。但因压痕较小，测定的硬度值不够准确，数据重复性差，不宜测量表面质量差或组织不均匀的材料
维氏硬度试验	与布氏硬度试验相同，只是压头改用了金刚石四棱锥体。如图 3-6 所示，以一定的试验力将压头压入试样表面，保持规定时间卸载后，在试样表面留下一个四方锥形的压痕，测量压痕两对角线长度，以此计算出硬度值	维氏硬度表示方法与布氏硬度相同。如 640HV30 表示用 294.2 N 试验力，保持 10～15 s（可省略）测定的维氏硬度值为 640	维氏硬度试验时所加的试验力较小，压入深度较浅，轮廓清晰，数字准确可靠，可测较薄的材料，也可测量表面渗碳、渗氮等表面硬化层的硬度。缺点是测量压痕对角线时操作较麻烦，效率低

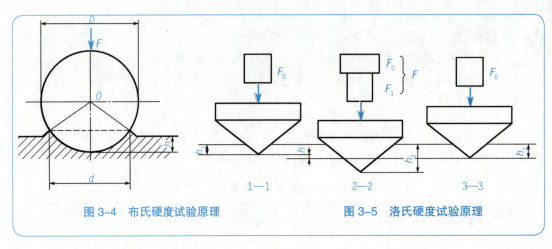

图 3-4 布氏硬度试验原理　　图 3-5 洛氏硬度试验原理

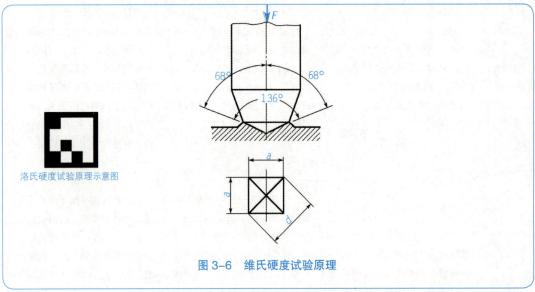

图 3-6 维氏硬度试验原理

（3）冲击韧性试验。根据国家标准（GB/T 229—2007）规定，做夏比摆锤冲击试验前，先将被测材料加工成如图 3-7 所示的冲击试样，试样分为带有 U 形缺口或 V 形缺口两种，其外形尺寸为 10 mm × 10 mm × 35 mm。

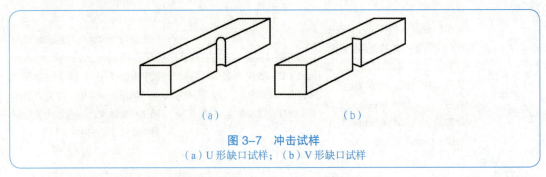

图 3-7 冲击试样
（a）U 形缺口试样； （b）V 形缺口试样

夏比摆锤冲击试验原理如图 3-8 所示，试验时将试样缺口背对摆锤刀刃对称放置在砧座上，摆锤的刀刃半径分别为 2 mm 和 8 mm 两种。

3.1 金属材料的性能

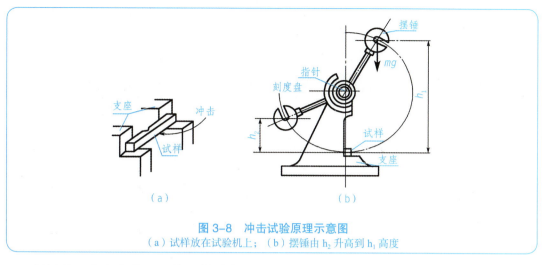

图 3-8 冲击试验原理示意图
（a）试样放在试验机上；（b）摆锤由 h_2 升高到 h_1 高度

摆锤从一定高度落下，将试样冲断。在这一过程中，试样所吸收的能量 K 的大小作为衡量材料韧性的指标，称为冲击吸收能量，分别用 K_U 和 K_V 表示。如 K_{U2} 表示 U 形冲击试样在 2 mm 刀刃下的冲击吸收能量。

提示：
冲击吸收能量越大，说明材料的韧性越好。

3.1.2 金属材料的工艺性能

金属材料的工艺性能是指在各种加工条件下表现出来的适应能力。常用的工艺性能包括铸造、锻压、焊接、切削和热处理等性能，见表 3-4。

表 3-4 金属材料的工艺性能

工艺性能	定义	衡量指标	说明
铸造性能	金属及合金成形获得优良铸件的能力	流动性、收缩性和偏析倾向等	灰铸铁的流动性最好，铝合金次之，铸钢最差；灰铸铁的收缩率小，铸钢的收缩率大
锻压性能	材料是否容易进行压力加工的性能	塑性、变形抗力	化学成分影响金属的锻压性能，纯金属的锻压性能优于一般合金；铁碳合金中，含碳量越低，锻压性能越好；合金钢中，合金元素的种类和含碳量越多，锻压性能越差
焊接性能	金属材料在一定焊接条件下，是否易于获得优良焊接接头的能力	化学成分（尤其是含碳量）	低碳钢具有良好的焊接性能，而高碳钢和铸铁的焊接性能较差

43

(续表)

工艺性能	定义	衡量指标	说明
切削性能	金属材料切削加工的难易程度	切削速度、表面粗糙度、刀具寿命等	影响的因素主要有化学成分、组织状态、硬度、韧性、导热性及形变强化等；一般材料具有适当的硬度和一定脆性时，其切削加工性较好，如灰铸铁
热处理性能	金属材料进行热处理后表现出来的相关性能	淬透性、淬硬性、过热敏感性、变形开裂倾向、回火脆性倾向、氧化脱碳倾向	碳钢热处理变形的程度与其含碳量有关。一般情况下，含碳量越高，变形与开裂倾向越大，而碳钢又比合金钢的变形开裂倾向严重。钢的淬硬性也主要取决于含碳量。含碳量越高，材料的淬硬性越好

练一练：

1. 金属材料的性能一般分为两类：一类是使用性能，它包括_____、_____和_____等；另一类是工艺性能，它包括_____、_____、_____和_____等。

2. 断裂前金属材料产生_____的能力称为塑性。金属材料的_____和_____的数值越大，表示材料的塑性越好。

3. 强度是指金属材料在_____载荷作用下，抵抗_____或_____的能力。

4. 压痕小，无损试件表面，可直接测量成品及较薄工件的硬度测试方法是_____。

5. 试绘制低碳钢拉伸曲线，并简述拉伸变形的几个阶段。

3.2 黑色金属材料

学习导入

通常把以铁及铁碳为主的合金（钢铁）称为黑色金属，黑色金属根据含碳量不同，分为钢与铸铁，如图3-9所示。

黑色金属的产量约占世界金属总产量的95%，在国民经济中占有极其重要的地位，是衡量国家综合实力的重要标志。黑色金属在机械工业中应用较广泛。

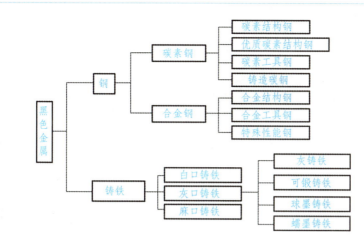

图 3-9 黑色金属的分类

学习目标

1. 了解黑色金属的分类；
2. 掌握常见金属材料的牌号；
3. 熟悉常用金属材料的性能特点；
4. 了解钢热处理的基本常识。

3.2.1 碳素钢的分类、牌号及应用

碳素钢简称碳钢，是最基本的铁碳合金。它是指在冶炼时没有特意加入合金元素，且含碳量大于 0.0218% 而小于 2.11% 的铁碳合金。碳钢冶炼容易，价格便宜，具有较好的力学性能和优良的工艺性能，可满足一般机械零件、工具和日常轻工产品的使用要求，在机械制造、建筑、交通运输等许多行业中得到广泛应用。

1. 碳素钢的分类

（1）按钢的含碳量分类。

低碳钢：$C \leq 0.25\%$。

中碳钢：$0.25\% < C < 0.60\%$。

高碳钢：$C \geq 0.6\%$。

（2）按钢的质量分类。根据钢中含有害元素磷、硫含量的多少分类。

普通钢：$0.035\% < S \leq 0.050\%$，$0.035\% < P \leq 0.045\%$。

优质钢：$0.025\% < S \leq 0.035\%$，$0.025\% < P \leq 0.035\%$。

高级优质钢：$S \leq 0.025\%$，$P \leq 0.025\%$。

（3）按钢的用途分类。

碳素结构钢：一般含碳量小于 0.70%，主要用于制造各种机械零件和工程结构件。这类钢一般属于低碳、中碳钢。

碳素工具钢：含碳量一般大于0.70%，主要用于制造各种刀具、量具和模具等。这类钢一般属于高碳钢。

（4）按冶炼时脱氧程度不同分类。

沸腾钢：脱氧程度不完全的钢。

镇静钢：脱氧程度完全的钢。

半镇静钢：介于沸腾钢和镇静钢之间的钢。

> **提示：**
> 在实际使用中，在给钢的产品命名时，往往将成分、质量和用途三种分类方法结合起来，如优质碳素结构钢、高级优质碳素工具钢等。

2. 碳素钢的牌号及应用

（1）碳素结构钢。碳素结构钢的牌号由"Q"（表示屈服点的汉语拼音字首）、一组数据（表示屈服强度，单位MPa）、质量等级符号（质量分A、B、C、D四个等级）和脱氧方法符号（F—沸腾钢、b—半镇静钢、Z—镇静钢、TZ—特殊镇静钢，通常Z、TZ可省略）四个部分按顺序组成。如Q235AF表示屈服强度为235 MPa、质量等级为A的沸腾钢。

常用碳素结构钢的牌号、力学性能及应用见表3-5。

表3-5 常用碳素结构钢的牌号、力学性能及应用

牌号	等级	C（%）	脱氧方法	力学性能			应用
				R_{eL}（MPa）	R_m（MPa）	A（%）	
Q195	—	0.06 ~ 0.12	F, Z	195	315 ~ 390	33	塑性好、焊接性好、强度较低，主要用于工程结构和制造受力不大的机器零件，如螺钉、螺母、垫圈，以及焊接件、冲压件、桥梁建筑等
Q215	A	0.09 ~ 0.15	F, Z	215	335 ~ 450	31	
	B						
Q235	A	0.14 ~ 0.22	F, Z	235	375 ~ 460	26	
	B	0.12 ~ 0.20					
	C	≤ 0.18	F, TZ				
	D	≤ 0.17					
Q255	A	0.18 ~ 0.28	Z	255	410 ~ 550	24	强度较高，可用于制作受力中等的普通零件，如小轴、销子、连杆、农机零件等
	B						
Q275	—	0.28 ~ 0.38	Z	275	490 ~ 630	20	

（2）优质碳素结构钢。优质碳素结构钢的牌号用两位数字表示，这两位数

字代表钢的平均含碳量的万分数。按照钢中锰的含量不同,可分为普通含锰量钢(Mn=0.25%~0.80%)和较高含锰量钢(Mn=0.7%~1.2%)两种。如果是后一种钢,则在两位数字后面加上 Mn,如 45Mn 表示平均含碳量为 0.45% 的较高锰优质碳素结构钢。若为高级优质钢、特级优质钢时,分别在牌号后面加 A、E 表示。若为沸腾钢或为了适应各种专门用途的专用钢,应在牌号后面标出相应的符号。如 08F 表示平均含碳量为 0.08% 的优质碳素结构钢中的沸腾钢;20G 表示平均含碳量为 0.20% 的优质碳素结构钢中的锅炉用钢。

常用优质碳素结构钢的牌号、性能及应用见表 3-6。

表 3-6 常用优质碳素结构钢的牌号、性能及应用

类型	牌号	性能及应用
低碳钢	08~25 钢	强度、硬度较低,塑性、韧性及焊接性能良好,主要用于制造冲压件、焊接结构件及强度要求不高的机械零件、渗碳件,如压力容器、小轴、销子、法兰盘、螺钉和垫圈等
中碳钢	30~35 钢	具有较高的强度和硬度,其塑性和韧性随着含碳量的增加而逐步降低,切削性能良好。这类钢经调质后,能获得较好的综合力学性能,主要用于制造受力较大的机械零件,如连杆、曲轴、齿轮和联轴器等
高碳钢	60 钢以上	具有较高的强度、硬度和弹性,焊接性能良好,切削性能稍差,冷变形塑性差,主要用于制造具有较高强度、耐磨性和弹性的零件,如弹簧垫圈、板簧和螺旋弹簧等弹性零件及耐磨零件等

查一查:

图 3-10 所示的链轮与弹簧分别由哪种材料制造?

图 3-10 链轮与弹簧

(3)碳素工具钢。碳素工具钢以汉语拼音字母 "T" 及后面加阿拉伯数字表示,其数字表示钢中平均含碳质量的千分数。如 T8 表示含碳质量为 0.80% 的碳素工具钢。若为高级优质碳素工具钢,则在牌号后面标以字母 A,如 T12A 表示平均含碳质量为 1.20% 的高级优质碳素工具钢。

常用碳素工具钢的牌号、力学性能及应用见表 3-7。

表 3–7　常用碳素工具钢的牌号、力学性能及应用

牌号	C（%）	热处理		应用
		淬火温度（℃）	HRC（不小于）	
T7	0.65 ~ 0.74	800 ~ 820，水淬	62	受冲击，有较高的硬度和耐磨性要求的工具，如木工用手锤、錾子、钻头、模具等
T8	0.75 ~ 0.84	780 ~ 800，水淬		
T8Mn	0.80 ~ 0.90			
T9	0.85 ~ 0.94			受中等冲击载荷的工具和耐磨机件，如刨刀、冲模、丝锥、板牙、锯条、卡尺等
T10	0.95 ~ 1.04			
T11	1.05 ~ 1.14	760 ~ 780，水淬		
T12	1.15 ~ 1.24			不受冲击，而要求有较高硬度的工具和耐磨机件，如钻头、锉刀、刮刀、量具等
T13	1.25 ~ 1.34			

提示：

各种牌号的碳素工具钢经淬火后的硬度相差不大，但是随着含碳量的增加，未熔的二次渗碳体增加，钢的耐磨性增加，韧性降低。因此，不同牌号的工具钢用于制造不同使用要求的工具。

（4）铸造碳钢。铸造碳钢一般的牌号由汉语拼音字母"ZG"加两组数字组成（第一组数字表示屈服强度，第二组数字表示抗拉强度）。如 ZG270-500 表示屈服强度不小于 270 MPa、抗拉强度不小于 500 MPa 的铸造碳钢。

常用铸造碳钢的牌号、力学性能及应用见表 3-8。

表 3–8　常用铸造碳钢的牌号、力学性能及应用

牌号	C（%）	室温下的力学性能				应用
		R_{eL} 或 $R_{p0.2}$（MPa）	R_m（MPa）	$A_{11.3}$（%）	Z（%）	
	不大于	不小于				
ZG200-400	0.20	200	400	25	40	有良好的塑性、韧性和焊接性，可用于制造受力不大、要求具有一定韧性的零件，如机座、变速箱体等
ZG230-450	0.30	230	450	22	32	有一定的强度和塑性、韧性及焊接性，切削性能尚可，用于制造受力不大、要求具有一定韧性的零件，如砧座、轴承盖、外壳、阀体、底板等

（续表）

牌号	C（%） 不大于	室温下的力学性能				应用
		R_{eL} 或 $R_{p0.2}$（MPa）	R_m（MPa）	$A_{11.3}$（%）	Z（%）	
		不小于				
ZG270-500	0.40	270	500	18	25	有较高的强度和较好的塑性，铸造性能良好，焊接性较差，切削性能良好，是用途较广的铸造碳钢，用于制造轧钢机机架、连杆、箱体、缸体、曲轴、轴承座等
ZG370-570	0.50	370	570	15	21	强度和切削性能良好，塑性、韧性较差，用于制造负荷较高的零件，如大齿轮、缸体、制动轮、辊子等
ZG340-640	0.60	340	640	12	18	有较高的强度、硬度和耐磨性，切削性能中等，焊接性能差，裂纹敏感性大，用于制造齿轮、棘轮等

查一查：

图 3-11 所示的螺纹规与连杆分别由哪种材料制造？

图 3-11　螺纹规与连杆

议一议：

1. 实训课上用的钢料是哪种牌号的钢？
2. Q235AF、10F、T8Mn 各代表什么意思？

3.2.2　合金钢的分类、牌号及应用

　　合金钢就是在碳素钢的基础上，为了改善钢的性能，在冶炼时特意加入其他合金元素的钢。与碳素钢相比，由于合金元素的加入，合金钢具有较高的力学性能、淬透性和回火稳定性等，有的还具有耐热、耐酸、耐蚀等特殊性能，在机械制造中得到了广泛应用。

1. 合金钢的分类

（1）按用途分类。

合金结构钢：用于制造机器零件和工程结构的钢。它们又可分为低合金高强度钢、渗碳钢、调质钢、弹簧钢、滚动轴承钢等。

合金工具钢：用于制造各种工具的钢，分为刃具钢、量具钢和模具钢等。

特殊性能钢：具有某种特殊物理、化学性能的钢，如不锈钢、耐热钢、耐磨钢等。

（2）按合金元素总含量分类。

低合金钢合金元素总含量＜5%。

中合金钢合金元素总含量为5%~10%。

高合金钢合金元素总含量＞10%。

> **提示：**
> 加入碳素钢中的常用合金元素有硅、锰、铬、镍、钨、钒、钴、铅、钛和稀土金属等。

2. 合金钢的牌号及应用

（1）合金结构钢的牌号及应用。合金结构钢的牌号采用"两位数字（碳含量）+元素符号（或汉字）+数字"表示。前面两位数字表示钢平均含碳量的万分数；元素符号（或汉字）表明钢中含有的主要合金元素，后面的数字表示该元素的含量。合金元素含量小于1.5%时不标，平均含量为1.5%~3.5%…时，则相应地标以2，3，…，依次类推。如40Cr表示平均含碳量为0.40%，主要合金元素为铬，含量小于1.5%的合金结构钢；60SiMn表示平均含碳量为0.60%，平均含硅量为2%，主要合金元素为锰，含量小于1.5%的合金结构钢。

① 合金结构钢。低合金结构钢是在碳素钢的基础上，加入少量合金元素（合金元素小于3%）而形成的工程用钢。常加入的合金元素有锰、硅、钛、铌、钒等。此类合金钢具有良好的塑性、韧性、耐蚀性和焊接性，广泛应用于制造工程用钢结构件，如桥梁、船舶、车辆、锅炉、压力容器、输油管、起重机械等钢结构件等。常用低合金结构钢的牌号、力学性能及应用见表3-9。

表3-9 常用低合金结构钢的牌号、力学性能及应用

牌号	R_{eL}（MPa）	R_m（MPa）	A（%）	应用
Q295	235~295	390~570	23	具有优良的韧性、塑性，冷弯性和焊接性均良好，冲压成形性能良好，一般在热轧或正火状态下使用，适用于制造各种容器、螺旋焊管、车辆用冲压件、建筑用结构件、农机结构件、储油罐、低压锅炉汽包、输油管道、船舶及金属结构件等
Q345	275~345	470~630	21	具有良好的综合力学性能，塑性和焊接性良好，冲击韧性较好，一般在热轧或正火状态下使用，适用于制造桥梁、船舶、车辆、管道、锅炉、各种容器、油罐、电站、厂房、低温压力容器等结构件

3.2 黑色金属材料

（续表）

牌号	R_{eL}（MPa）	R_m（MPa）	A（%）	应用
Q390	330 ~ 390	490 ~ 650	19	具有良好的综合力学性能，塑性和焊接性良好，一般在热轧状态下使用，适用于制造锅炉汽包、中高压石油化工容器、桥梁、船舶、起重机、较高负荷的焊接件、连接构件等
Q420	360 ~ 420	520 ~ 680	18	具有良好的综合力学性能，优良的低温韧性，焊接性好，冷热加工性良好，一般在热轧或正火状态下使用，适用于制造高压容器、重型机械、桥梁、船舶、机车车辆、锅炉及其他大型焊接结构件
Q460	400 ~ 460	550 ~ 720	17	具有极好的综合力学性能，淬火、回火后用于大型挖掘机、起重运输机械、钻井平台等

提示：
1. 大多数低合金高强度结构钢是在热轧或正火状态下使用的，一般不再进行热处理。
2. 低合金高强度结构钢的牌号表示方法与碳素结构钢相同。

②合金渗碳钢。合金渗碳钢经渗碳＋淬火＋低温回火处理后，具有外硬内韧的性能，用于制造既具有优良的耐磨性和耐疲劳性，又能承受冲击载荷作用的零件，如汽车、拖拉机中的变速齿轮，内燃机中的凸轮和活塞销等。

合金元素的含碳量为0.10% ~ 0.25%，可保证心部有足够的塑性和韧性。加入合金元素的目的主要是为了提高钢的淬透性，使零件在热处理后，表层和心部均得到强化，并防止钢因长时间渗碳而造成晶体粗大。

常用合金渗碳钢的牌号、热处理、力学性能及应用见表3-10。

表3-10 常用合金渗碳钢的牌号、热处理、力学性能及应用

牌号	热处理（℃）			力学性能（不小于）			应用
	渗碳	第一次淬火	回火	R_{eL}（MPa）	R_m（MPa）	A（%）	
20Cr	930	880 水油	200 水空	835	540	10	截面不大的机床变速箱齿轮、凸轮、滑阀、活塞、活塞环、联轴器等
20Mn2	930	850 水油	200 水空	785	590	10	代替20Cr钢制造渗碳小齿轮、小轴、汽车变速箱操纵杆等
20MnV	930	880 水油	200 水空	785	590	10	活塞销、锅炉、高压容器等焊接结构件
20CrMn	930	850 油	200 水空	930	735	10	截面不大、中高负荷的齿轮、轴、蜗杆、调速器的套筒等

（续表）

牌号	热处理（℃）			力学性能（不小于）			应用
	渗碳	第一次淬火	回火	R_{eL}（MPa）	R_m（MPa）	A（%）	
20CrMnTi	930	880 油	200 水空	1080	835	10	截面直径在 30 mm 以下，承受调速、中或重负荷以及冲击、摩擦的渗碳零件，如齿轮轴、爪型离合器等
20MnTiB	930	860 油	200 水油	1100	930	10	代替 20CrMnTi 钢制造汽车、拖拉机上的小截面、中等载荷的齿轮
20SiMnVB	930	900 油	200 水油	1175	980	10	可代替 20CrMnTi
12Cr2Ni4A	930	880 油	200 水油	1175	1080	10	在高负荷下工作的齿轮、蜗轮、蜗杆、转向轴等
18Cr2Ni4WA	930	950 空	200 水油	1175	835	10	大齿轮、曲轴、花键轴、蜗轮等

🔍 **查一查：**

图 3-12 所示的曲轴与压力容器分别由哪种材料制造？

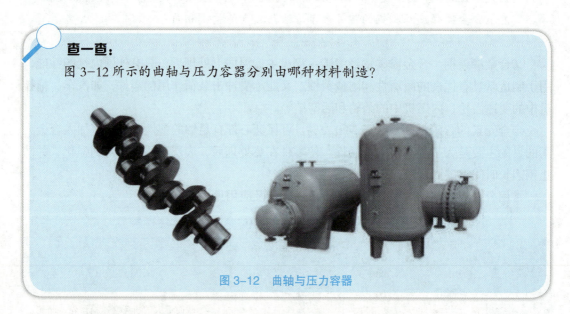

图 3-12 曲轴与压力容器

③合金调质钢。合金调质钢用于制造一些受力复杂的，具有良好综合力学性能的重要零件。这类零件的含碳量一般为 0.25% ~ 0.50%，属于中碳合金钢。合金调质钢中常加入少量铬、锰、硅、镍、硼等合金元素以增加钢的淬透性，使铁素体强化并提高韧性。加入少量钼、钒、钨、钛等碳化物形成元素，可阻止奥氏体晶体长大和提高钢的回火稳定性，以进一步改善钢的性能。

合金调质钢的热处理工艺是调质（淬火＋高温回火），处理后获得回火索氏体组织，使零件具有良好的综合力学性能。

常用合金调质钢的牌号、力学性能及应用见表 3-11。

3.2 黑色金属材料

表 3-11 常用合金调质钢的牌号、力学性能及应用

类别	牌号	R_m（MPa）	R_{eL}（MPa）	A（%）	应用
低淬透性	40Cr	980	785	9	中等载荷、中等转速机械零件，如汽车的转向节、后半轴，机床上的齿轮、轴、蜗杆等。表面淬火后制造耐磨零件，如套筒、销子、连杆螺钉、进气阀等
	40CrB	980	785	10	主要代替40Cr，如汽车的车轴、转向轴、花键轴，以及机床的主轴、齿轮等
	35SiMn	885	735	15	中等负荷、中等转速的零件，如传动齿轮、主轴、转轴、飞轮等，可代替40Cr
中淬透性	40CrNi	980	785	10	截面尺寸较大的轴、齿轮、连杆、曲轴、圆盘等
	42CrMn	980	835	9	在高速及弯曲负荷下工作的轴、连杆等，在高速、高负荷且无强冲击负荷下工作的齿轮轴、离合器
	42CrMo	1 080	930	12	机车牵引用大齿轮、增压器传动齿轮、发动机缸、负荷极大的连杆及主弹簧等
高淬透性	40CrNiMo	980	835	12	重型机械中高负荷的轴类、大直径的汽轮机轴、直升机的旋翼轴、齿轮、喷气发动机的蜗轮轴等
	40CrMnMo	980	785	10	40CrNiMo 代用钢

④合金弹簧钢。合金弹簧钢的含碳量一般为 0.45%～0.70%。加入硅、锰主要是提高钢的淬透性，同时提高钢的弹性极限，其中硅的作用最为突出。但硅的含量过高易使钢在加热时脱碳；锰元素含量过高则易使钢产生过热。因此，重要用途的弹簧钢必须加入铬、钒、钨等，它们能使钢材具有更高的淬透性，不易过热，而且可在高温下保持足够的强度和韧性。

常用合金弹簧钢的牌号、力学性能及应用见表 3-12。

表 3-12 常用合金弹簧钢的牌号、力学性能及应用

牌号	R_m（MPa）	R_{eL}（MPa）	A（%）	Z（%）	应用
65Mn	1 050	850	8	30	各种小尺寸扁、圆弹簧，阀弹簧，制动器弹簧等
55Si2Mn	1 300	1 200	6	30	汽车、拖拉机、机车上的板弹簧、螺旋弹簧、安全阀弹簧，以及230℃以下使用的弹簧等
60SiMn	1 300	1 200	5	25	
60Si2CrVA	1 900	1 700	5	20	250℃以下工作的弹簧、油封弹簧、蝶形弹簧等
50CrVA	1 300	1 100	10	45	210℃以下工作的弹簧、气门弹簧、喷油嘴管、安全阀弹簧等
60CrMnBA	1 250	1 100	9	20	
55SiMnMoV	1 400	1 300	7	35	载重车、越野车用弹簧

⑤滚动轴承钢。滚动轴承钢含碳量为 0.95%～1.15%，含铬量为 0.40%～1.65%。加入合金元素铬是为了提高淬透性，并在热处理后形成细小且均匀分布的碳化物，以提高钢的硬度、接触疲劳强度和耐磨性。对滚动轴承钢的要求是具有高的硬度、耐磨性、弹性极

限和疲劳强度,具备足够的韧性和一定的耐蚀性。

提示:
滚动轴承钢对有害元素及杂质的限制极高,所以轴承钢都是高级优质钢。

高碳铬轴承钢的牌号前面加字母"G",不标含碳量。如 GCr15 表示含铬 0.015% 的滚动轴承钢(数字表示含铬量的千分数,其他元素仍按百分数表示)。

常用滚动轴承钢的牌号、热处理及应用见表 3-13。

表 3-13 常用滚动轴承钢的牌号、热处理及应用

牌号	热处理(℃)		回火后的硬度(HRC)	应用
	淬火	回火		
GCr9	810 ~ 830	150 ~ 170	62 ~ 66	10 ~ 20 mm 的滚动体
GCr15	825 ~ 845	150 ~ 170	62 ~ 66	壁厚 < 20 mm 的中小型套圈,直径 < 50 mm 的钢球
GCr15SiMn	820 ~ 840	150 ~ 170	≥ 62	壁厚 < 30 mm 的大中型套圈,直径 50 ~ 100 mm 的钢球
GSiMnVRe	780 ~ 810	150 ~ 170	≥ 62	可代替 GCr15SiMn
GSiMnMoV	770 ~ 810	165 ~ 175	≥ 62	可代替 GCr15SiMn

议一议:
工厂中为什么常用滚动轴承钢制造刀具、冷冲模、量具呢?

(2)合金工具钢的牌号及应用。合金工具钢含碳量为 0.7% 以上,通过加入铬、硅、锰、钒、钨、钼等元素,保证钢在使用时具有高硬度、高耐磨性以及高的热硬性和足够的塑性与韧性。主要用来制造尺寸大、精度高和形状复杂的模具、量具以及切削速度较高的刀具等。

合金工具钢的牌号采用一位数字+元素符号(或汉字)+数字表示。合金工具钢用一位数字表示平均含碳量的千分数,当碳的含量大于或等于 1% 时不标出。其余牌号的表示方法同合金结构钢。如 9Mn2V 表示平均含碳量 0.90%,含锰量 2%,含钒量小于 1.5% 的合金工具钢。

①合金刃具钢。合金刃具钢主要用于制造车刀、铣刀、钻头等各种金属切削刀具。刃具钢要求具有高硬度、高耐磨性、高耐热性及足够的韧性等。常用的合金工具钢有低合金刃具钢和高速钢。

低合金刃具钢:低合金刃具钢是在碳素钢的基础上加入少量合金元素的钢。钢中主要加入铬、锰、硅等元素,目的是提高钢的淬透性和强度;加入钨、钒等强碳化物形成元素,目的是提高钢的硬度和耐磨性,并防止加热时过热,保持晶粒细小。

常用低合金刃具钢的牌号、热处理及应用见表3-14。

表3-14 常用低合金刃具钢的牌号、热处理及应用

牌号	C（%）	热处理（℃）	硬度（HRC）	应用
9SiCr	0.85 ~ 0.95	830 ~ 860 油冷	≥ 62	冷冲模、铰刀、拉刀、板牙、丝锥、搓丝板等
CrWMn	0.85 ~ 0.95	820 ~ 840 油冷	≥ 62	要求淬火后变形小的刀具，如长丝锥、长铰刀、量具、形状复杂的冷冲模等
9Mn2V	0.75 ~ 0.85	780 ~ 810 油冷	≥ 60	量具、块规、精密丝杠、丝锥、板牙等
9Cr2	0.85 ~ 0.95	820 ~ 850 油冷	≥ 62	尺寸较大的铰刀、车刀等刀具

高速钢：高速钢是一种具有高红硬性、高耐磨性的合金工具钢。钢中含有较多的碳（0.7% ~ 1.5%）和大量的钨、铬、钒、钼等强化物形成元素。高的含碳量是为了保证形成足够量的合金碳化物，并使高速钢具有高的硬度和耐磨性；钨和钼是提高钢红硬性的主要元素；铬主要提高钢的淬透性；钒能显著提高钢的硬度、耐磨性和红硬性，并能细化晶粒。

常用高速钢的牌号、热处理及应用见表3-15。

表3-15 常用高速钢的牌号、热处理及应用

牌号	C（%）	热处理（℃）		硬度（HRC）		应用
		淬火	回火	回火后硬度	热硬度	
W18Cr4V	0.70 ~ 0.80	1 260 ~ 1 300	550 ~ 570	63 ~ 66	61.5 ~ 62	制造一般高速切削用车刀、刨刀、钻头、铣刀等
CW18Cr4V	0.90 ~ 1.00	1 260 ~ 1 280	570 ~ 580	67.5	64 ~ 65	切削不锈钢及其他硬或韧的材料时，可显著提高刀具的使用寿命和降低被加工工件的表面粗糙度
W6Mo5Cr4V2	0.80 ~ 0.90	1 220 ~ 1 240	550 ~ 570	63 ~ 66	60 ~ 61	制造要求耐磨性和韧性都很好的高速刀具，如丝锥、钻头等
W6Mo5Cr4V3	1.10 ~ 1.25	1 200 ~ 1 240	550 ~ 570	≥ 65	64	制造要求耐磨性和红硬性较高、耐磨性和韧性较好、形状复杂的刀具
W12Cr4V4Mo	1.25 ~ 1.40	1 240 ~ 1 270	550 ~ 570	≥ 65	64 ~ 64.5	制造形状简单的刀具或仅需很少磨削的刀具
W18Cr4VCo10	0.70 ~ 0.80	1 270 ~ 1 320	540 ~ 590	66 ~ 68	64	制造形状简单、截面较粗的刀具，如直径大于15 mm的钻头及某些车刀等

②合金模具钢。用于制造模具的钢称为模具钢。根据工作条件不同，模具钢可分为冷作模具钢、热作模具钢和塑料模具钢三类，其性能及常用牌号见表3-16。

表3-16 合金模具钢的性能及常用牌号

类型	性能	常用牌号
冷作模具钢	用于制造使金属在冷状态下变形的模具，如冲裁模、拉丝模、弯曲模等；此类钢具有高的硬度、耐磨性、强度和足够的韧性。另外，形状复杂、精密、大型的模具，还要求具有较高的淬透性和较小的热处理变形	T10A、T12、8MnSi、9SiCr、GCr15、CrWMn、9Mn2V、Cr12、Cr12MoV 等
热作模具钢	用于制造使金属在高温下成形的模具，如热锻模、压铸模、热挤压模等；热作模具钢需要在受热和冷却的条件下工作，反复受热应力和机械应力的作用。因此，热作模具钢要具备较高的强度、韧性、高温耐磨性及热稳定性，并具有较好的抗热疲劳性能	5CrNiMo、5CrMnMo、4CrMnSiMoV、3Cr3Mo3W2V、3Cr2W8V 等
塑料模具钢	此类钢对材料强度和韧性的要求低于冷作模具钢和热作模具钢。塑料模具钢应有足够的耐磨性、优良的切削加工性、良好的抛光性和刻蚀性	3Cr2MnNiMo、3Cr2Mo、08CrNiMoV 等

③合金量具钢。合金量具钢是用来制作各种量具的钢。由于量具工作时受摩擦、磨损，所以量具的工作部分一般要求高硬度、高耐磨性及良好的尺寸稳定性。

制造量具常用的钢有碳素工具钢、合金工具钢和滚动轴承钢。精度要求较高的量具，一般采用微变形合金工具钢制造，如 GCr15、CrWMn、CrMn 等。

（3）特殊性能钢的牌号及应用。具有特殊的物理和化学性能的钢称为特殊性能钢。特殊性能的钢很多，机械制造业中使用较多的有不锈钢、耐热钢和耐磨钢等。

特殊性能钢的牌号表示方法与合金工具钢相同。当碳的平均含量为0.03%~0.10%时，用 0 表示；碳的平均含量小于或等于0.03%时，用 00 表示。如 1Cr13 表示平均含碳量为0.10%、平均铬含量为13%的不锈钢。0Cr18Ni9 表示平均含碳量为0.03%~0.10%的不锈钢。

特殊性能钢的类型、应用及常用牌号见表3-17。

表3-17 特殊性能钢的类型、应用及常用牌号

类型		应用	常用牌号
不锈钢	铬不锈钢	可以用来制造汽轮机叶片、水压机阀门、弹簧、轴承、医疗器械及在弱腐蚀条件下工作且要求高强度的零件等	1Cr13、2Cr13、3Cr13、3Cr13Mo、7Cr13
	铬镍不锈钢	主要用于制造强腐蚀介质中工作的零件，如吸收塔、储槽、管道及容器等	0Cr18Ni9、1Cr18Ni9
耐热钢	抗氧化钢	主要用于制造长期在高温下工作但强度要求不高的零件，如各种加热炉底板、渗碳处理用渗碳箱等	4Cr9Si2、1Cr13SiAl
	热强钢	可以用来制造锅炉、汽轮机叶片、大型发动机排气阀等	15CrMo、4Cr14Ni14W2Mo
耐磨钢		主要用于承受严重摩擦和强烈冲击的零件，如车辆履带、破碎机颚板、挖掘机铲斗等	ZGMn13

3.2 黑色金属材料

> **查一查：**
> 上网搜一搜，汽车的减振弹簧、医用手术刀、模具中的凸凹模、发电机的轴承等分别使用了什么材料？

课外阅读

"鸟巢"与 Q460

2008 年北京奥运会主体育馆--"鸟巢"的结构设计奇特新颖，钢结构最大跨度达到 343m，如果使用普通钢材，厚度至少要达到 220mm。这样一来，"鸟巢"钢材重量将超过 8 万吨，而且钢板太厚，焊接起来更加困难。工程设计人员从实际出发，选择了低合金高强度钢 Q460 作为施工材料。

这是一种比通常的建筑用钢强度超出一倍的钢材，以前只用于机械制造，如大型挖掘机等，从来没有在建筑中使用过。国内也没有厂家生产，一般要从国外进口。

"特殊的高强度钢能不能实现国产？办奥运就是要拉动自主创新，填补空白，只要能在国内生产，就坚决不进口！"北京奥组委官员的态度非常坚定。后来在国内科技人员的不懈努力下，终于研发出了 Q460 适当的合金元素配比，实现了 110mm 厚、建筑用 Q460 的国产化。2005 年 7 月，为"鸟巢"准备的 110mm 厚的 Q460 开始批量生产。400tQ460 成为"鸟巢"钢筋铁骨中最坚硬的一部分，更值得国人骄傲的是，在科研人员和全国各大钢厂的共同努力下，奥运工程中的所有钢材全部实现了国产化。

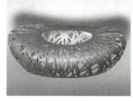

3.2.3 铸铁的分类、牌号及应用

铸铁是含碳量大于 2.11% 的铁碳合金。它是以铁、碳、硅为主要组成元素并比碳钢含有较多锰、硫、磷等杂质的多元合金。铸铁与钢相比，虽然力学性能较低，但具有良好的铸造性能和切削加工性能，生产成本低，并具有优良的消音、减振、耐压、耐磨、耐蚀等性能，因而得到广泛应用。

1. 铸铁的分类

铸铁的分类如图 3-13 所示。

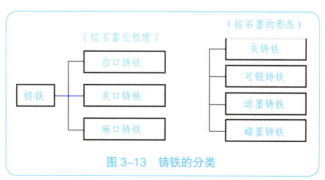

图 3-13 铸铁的分类

(1) 根据铸铁在结晶过程中的石墨化程度划分。

灰口铸铁：游离碳以石墨状态存在，断口呈暗灰色，工业上应用较广泛。

白口铸铁：碳全部呈化合碳状态，形成渗碳体，断口呈银白色，性能硬而脆，不易加工，很少直接用于制造机械零件，主要用做炼钢原料。

麻口铸铁：组织介于白口铸铁与灰口铸铁之间，具有较大的硬脆性，工业上很少用。

(2) 根据铸铁中石墨形态的不同划分。

灰铸铁：石墨呈曲片状存在于铸铁中，是目前应用最广泛的一种铸铁。

可锻铸铁：石墨呈团絮状存在于铸铁中，有较高的韧性和一定的塑性。

球墨铸铁：石墨呈球状存在于铸铁中，其力学性能比普通灰铸铁高很多，因而在生产中应用日益广泛。

蠕墨铸铁：石墨呈蠕虫状存在于铸铁中，其性能介于灰铸铁与球墨铸铁之间。

2. 铸铁的牌号及应用

(1) 灰铸铁的牌号及应用。灰铸铁的牌号由字母"HT"及后面的一组数值（表示最小抗拉强度）组成。常用灰铸铁的牌号及应用见表3-18。

表3-18 常用灰铸铁的牌号及应用

牌号	应 用
HT100	负荷小、对摩擦、磨损无特殊要求的零件，如防护罩、盖、油盘、手轮、支架等
HT150	承受中等负荷的零件，如机座、箱体、工作台、刀架、带轮、轴承座、端盖、泵体、阀体、飞轮、电动机座等
HT200 HT250	承受较大负荷和要求一定气密性或耐蚀性等较重要零件，如齿轮、机座、飞轮、机床床身、气缸体、气缸套、活塞、齿轮箱、刹车轮、联轴器、中等压力阀门等
HT300	承受高负荷、要求耐磨和高气密性的重要零件，如重型机床、剪床、压力机、自动车床的床身、机座、机架、车床卡盘、高压液压件、活塞环、受力较大凸轮、齿轮、衬套、大型发动机的气缸体、缸套、气缸盖等

(2) 可锻铸铁的牌号及应用。可锻铸铁的牌号用字母"KT"、表示类型的字母及后面两组数字表示（第一组数字表示最低抗拉强度，第二组数字表示伸长率）。如KTH300-06表示可锻铸铁，其最低抗拉强度为300MPa，最低伸长率为6%。常用可锻铸铁的牌号及应用见表3-19。

表3-19 常用可锻铸铁的牌号及应用

牌号		应 用
A	B	
KTH300-06	—	适于动载或静载、要求气密性好的零件，如管道配件、中、低压阀门等
—	KTH330-08	适于承受中等动载和静载的零件，如机床用扳手、车轮壳、钢丝绳接头等
KTH350-10	—	适于承受较高的冲击、振动及扭转负荷下工作的零件，如汽车上的差速器壳、前后轮壳、转向节壳等
—	KTH370-12	
KTH550-04 KTH650-02 KTH700-02	—	适于承受较高载荷、耐磨损并要求有一定韧性的重要零件，如曲轴、凸轮轴、连杆、齿轮、活塞环、摇臂、扳手等

（3）球墨铸铁的牌号及应用。球墨铸铁的牌号用字母"QT"及后面两组数字表示（第一组数字表示最低抗拉强度，第二组数字表示伸长率）。如 QT400-18 表示球墨铸铁，其最低抗拉强度为 400MPa，最低伸长率为 18%。常用球墨铸铁的牌号及应用见表 3-20。

表 3-20　常用球墨铸铁的牌号及应用

牌号	应用
QT400-18 QT400-15 QT400-10	用于制造承受冲击、振动的零件，如汽车轮毂、驱动桥壳体、差速器壳、离合器壳、拨叉、铁路垫板、阀体、阀盖等
QT500-7	用于制造机器座架、传动轴、飞轮、电动机架、内燃机的机油泵齿轮、铁路车辆轴瓦等
QT600-3 QT700-2 QT800-2	用于制造承受载荷大、受力复杂的零件，如汽车、拖拉机的曲轴、连杆、凸轮轴、气缸套、铣床、车床的主轴、蜗杆、蜗轮、轧钢机轧辊、大齿轮等
QT900-2	用于制造高强度齿轮，如汽车后桥螺旋锥齿轮、大减速器齿轮、内燃机曲轴、凸轮轴等

（4）蠕墨铸铁。蠕墨铸件的牌号用字母"RUT"及后面一组数字表示（表示最低抗拉强度）。常用蠕墨铸铁的牌号及应用见表 3-21。

表 3-21　常用蠕墨铸铁的牌号及应用

牌号	应用
RUT420 RUT380	适用于制造强度或耐磨性要求高的零件，如活塞、制动盘等
RUT340	适用于制造强度、刚度和耐磨性要求高的零件，如飞轮、制动鼓、玻璃模具等
RUT300	适用于制造强度要求高及承受热疲劳的零件，如排气管、气缸盖、液压件、钢锭模等
RUT260	适用于制造承受冲击载荷及热疲劳的零件，如汽车的底盘零件、增压器、废气进气壳体等

提示：
由于球墨铸铁具有良好的力学性能和工艺性能，并能通过热处理使其力学性能在较大范围内变化，因而可以代替碳素钢、合金钢和可锻铸铁使用。

查一查：
上网查一查，图 3-14 所示的机床床身与发动机气缸盖一般用哪种铸铁制造？

图 3-14　机床床身与发动机气缸盖

练一练：

1. 优质碳素结构钢按含碳量不同划分为_____钢、_____钢和_____钢三类。
2. 合金钢按用途不同划分为_____钢、_____钢和_____钢三类。
3. 铸铁根据石墨形态的不同划分为_____铸铁、_____铸铁、_____铸铁和_____铸铁四种。
4. _____的热处理工艺是调质（淬火＋高温回火），处理后获得回火索氏体组织，使零件具有良好的综合力学性能。
5. _____是一种具有高红硬性、高耐磨性的合金工具钢。
6. 什么是碳素钢？碳素钢是如何分类的？
7. 什么是合金钢？合金钢是如何分类的？
8. 分析下述钢材标号的意义，并说明属于什么钢种。
Q235—A·F、20CrMnTi、5CrMnMo、Cr12Mo1V1。

3.3 钢的热处理常识

学习导入

热处理是改善金属材料使用性能和工艺性能的一种非常重要的工艺方法，是强化金属材料、提高产品质量和使用寿命的主要途径之一。因此，绝大部分重要的机械零件在制造过程中都必须进行热处理。

热处理是对固态的金属或合金采用适当的方式进行加热、保温和冷却，以获得所需的组织结构与性能的工艺。通过恰当的热处理，不仅可以提高和改善钢的使用性能、工艺性能，而且能充分发挥材料的性能潜力，延长零件的使用寿命，提高产品的质量和经济效益。

学习目标

1. 掌握钢普通热处理的分类、作用及适用范围；
2. 了解钢表面热处理与化学热处理的工艺；
3. 能够初步对金属材料选择热处理的方法。

3.3 钢的热处理常识

3.3.1 钢的普通热处理

钢在不同的加热和冷却条件下，其内部组织会发生不同的变化，改变其性能，能满足不同加工方法和使用性能的需求。

钢的普通热处理包括退火、正火、淬火和回火，其方法、目的及应用见表 3-22。

表 3-22 普通热处理的方法、目的及应用

类别	概念	方法	目的	应用说明
淬火	淬火是将钢件加热到 Ac_3 或 Ac_1 以上 30 ℃ ~ 50 ℃，保持一定时间，在一定的介质中以适当方式冷却获得马氏体或下贝氏体组织的工艺	单介质淬火法 双介质淬火法 分级淬火法 等温淬火法	使钢件获得高的硬度与耐磨性，使钢件在回火后，得到某种特殊的性能，有较高的强度、塑性和韧性	重载场合的齿轮需要很高的硬度和耐磨性，可以通过淬火实现
退火	退火是将钢件加热到适当温度，保持一定时间，然后缓慢冷却的热处理工艺	完全退火 球化退火 去应力退火	降低硬度，提高塑性，以利于切削加工和冷变形加工；细化晶粒，消除组织缺陷，改善钢的性能，并为最终热处理作组织准备；消除内应力，稳定工件尺寸，防止变形与开裂	锻造过的锤头毛坯往往硬度较高，需要经过退火才能在铣床上加工
正火	正火是将钢件加热到 Ac_3（或 Ac_{cm}）以上 30 ℃ ~ 50 ℃，保温适当的时间后，在空气中冷却的热处理工艺		提高低碳钢的力学性能，改善切削加工性，细化晶粒，消除组织缺陷，为后续热处理做准备	用于加工汽车曲轴的球墨铸铁，可以通过正火来提高强度、硬度和耐磨性
回火	回火是将淬火钢件重新加热到 Ac_1 以下的某一温度，保温一定的时间，然后冷却到室温的热处理工艺	低温回火 中温回火 高温回火	降低脆性，减少或消除内应力，防止工件的变形和开裂；稳定组织，调整硬度，获得工艺所要求的力学性能，稳定工件尺寸，满足各种工件的使用性能要求，降低钢的硬度，以利于切削加工	为了防止淬火齿轮因内应力太大发生变形或断裂，可以通过回火消除

🔍 查一查：

1. 机械加工中使用的刀具、量具、夹具采用了哪种热处理工艺？

2. 到网络或图书馆查一查，我国自行研制的 C919 大飞机起落架使用的是什么材料，记下来与同学进行探讨。

3.3.2 钢的表面热处理和化学热处理

🔍 **1. 钢的表面热处理**

表面热处理是对工件表面进行硬化的热处理方法，其目的是改变工件表面的成分或组织，提高表面的硬度和耐磨性，而心部仍保持良好的强度、塑性和韧性。

表面热处理分为表面淬火、气相沉积等，其分类、特点及应用见表 3-23。

表 3-23　表面热处理的分类、特点及应用

名称	分类	定义	特点	应用
表面淬火	火焰加热表面淬火	用氧乙炔（或其他可燃气体）焰对零件表面进行快速加热，随之快速冷却的工艺	优点是设备简单，成本低，灵活性大。缺点是加热温度及淬硬深度不易控制，工件表面易过热，淬火质量不够稳定	适用于大尺寸零件的局部淬火，单件或小批量生产
	感应加热表面淬火	利用感应电流通过工件所产生的热效应使工件表面局部加热，然后快速冷却的淬火工艺	加热速度快，零件由室温到淬火温度仅需几秒到几十秒时间；淬火质量好，淬火后表层获得细针状马氏体；淬硬层深度易于控制，操作易实现机械化和自动化	适用于大批量生产
气相沉积	物理气相沉积（PVD）	利用热蒸发、溅射或辉光放电、弧光放电的物理过程，在基材表面沉积所需涂层的技术	处理温度低，沉积速度较快，无公害，容易获得超硬层；能够延长模具寿命；但设备价格高，操作维护技术要求高	用于精密模具表面的强化处理
	化学气相沉积（CVD）	在相当高的温度下，混合气体与基体的表面相互作用，使混合气体中的某些成分分解，并在基体上形成一种金属或化合物的固态薄膜或镀层	可以在常压或者真空条件下进行，也可以在沉积或在较低的温度下进行；可以控制涂层的密度和涂层纯度；可在复杂形状的基体上及颗粒材料上镀膜，获得特殊结构和功能涂层	用于制作金属、非金属及多成分合金薄膜

2. 钢的化学热处理

将工件置于一定温度的特定活性介质中保温，使一种或几种元素渗入工件表层，以改变表层中的化学成分和组织，从而改善工件表面性能的热处理工艺，称为化学热处理。与其他热处理相比，化学热处理不仅改变了钢的组织，而且也改变了工件表面层的化学成分，因而能更有效地改变零件表层的性能。

化学热处理是通过分解、吸收和扩散三个基本过程来实现的。

化学热处理的种类很多，根据渗入元素的不同，目前工业生产中最常用是渗碳、渗氮、碳氮共渗。其三种方法的对比见表 3-24。

> **提示：**
> 在齿轮的热处理中，人们既需要齿轮的齿廓强度高、硬度大、耐磨性好，又需要齿轮的心部韧性好、耐疲劳性能好，且具有一定的塑性。这种情况下便不能进行整体热处理，而需要表面热处理。

3.3 钢的热处理常识

议一议：
同学之间进行讨论，你见过哪些表面热处理方式？我们使用的设备上，哪些零件或部位需要进行表面（或化学）热处理？

表 3-24 渗碳、渗氮、碳氮共渗比较

名称	定义	特点	示例
渗碳	将工件置于渗碳介质中加热保温，使活性碳原子渗入工件表层，获得高碳渗层的工艺	零件经过渗碳及随后的淬火并低温回火后，可以获得很高的表面硬度、耐磨性及高的接触疲劳强度和弯曲疲劳强度，而心部仍保持低碳，具有良好的塑性和韧性。渗碳可使同一材料制作的零件兼有高碳钢和低碳钢的性能，从而使这些零件既能承受磨损和较高的表面接触应力，同时又能承受弯曲应力及冲击负荷的作用	塑料模渗碳后，其表层 1~2 mm 内可形成含碳量为 0.8%~1.05% 的渗层。该渗层经淬火、回火处理能发生相变变化，有效提高型腔面硬度、耐磨性和疲劳强度，从而提高模具寿命
渗氮	在一定温度下，使活性氮原子渗入工件表面以形成高氮硬化层的化学热处理工艺	钢件渗氮后具有更高的表面硬度和耐磨性。氮化后钢件的表面硬度高达 950~1 200 HV，相当于 65~72 HRC。这种高硬度和高耐磨性可保持到 560 ℃~600 ℃ 而不降低，故氮化钢件具有很好的热稳定性。由于氮化层体积胀大，在表层形成较大的残余压应力，因此可以获得比渗碳更高的疲劳强度、抗咬合性能和低的缺口敏感性。渗氮后由于钢件表面形成致密的氮化物薄膜，因而具有良好的抗腐蚀性能	模具渗氮后，其表面硬度、耐磨性、抗蚀性、抗疲劳作用及抗咬合性都优于渗碳，模具变形小，适用于精度要求较高的模具热处理
碳氮共渗	在一定温度下，将碳、氮原子同时渗入工件表层奥氏体中的一种化学热处理工艺	碳氮共渗可以在比较低的温度进行，温度不易过热，便于直接淬火，淬火变形小，热处理设备的寿命长；降低了临界淬火速度。采用比渗碳淬火缓和的冷却方式就足以形成马氏体，减少了变形开裂的倾向，淬透性差的钢制成的零件也能得到足够的淬火硬度；加大了扩散系数，共渗层比渗碳具有较高的耐磨性、耐腐蚀性和疲劳强度；比渗氮零件具有较高的抗压强度和较低的表面脆性	碳氮共渗的碳、氮含量主要取决于共渗温度：温度越高，共渗层的含碳量就越高，含氮量就越低；共渗温度越低，共渗层的含碳量就越低，含氮量就越高

知识拓展　铁碳合金相图

铁碳合金相图（图 3-15）是表示缓慢冷却（或缓慢加热）条件下，不同成分的铁碳合金的状态或组织随温度变化的图形。它是研究铁碳合金的基础，是研究铁碳合

63

金的成分、温度和组织结构之间关系的图形。铁碳合金相图是人类经过长期实践并进行大量科学实验总结出来的。

铁碳合金相图中的符号含义及性能见表3-25。

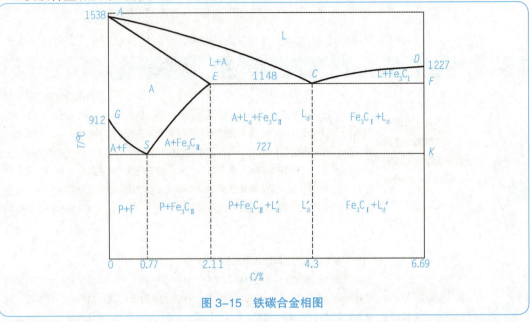

图 3-15 铁碳合金相图

表 3-25 铁碳合金相图中的符号含义及性能

名称	符号	定义	性能
铁素体	F	碳溶入α-Fe中形成的间隙固溶体	溶碳能力较差，塑性、韧性很好，但强度、硬度较低
奥氏体	A	碳溶入γ-Fe中形成的间隙固溶体	强度、硬度不高，但塑性和韧性好，容易锻压成形
渗碳体	Fe_3C	铁碳相互作用而形成的具有复杂晶体结构的金属化合物	硬度很高，塑性和韧性极低，脆性大
珠光体	P	由铁素体和渗碳体组成的多相组织	强度较高，具有一定的塑性和韧性，硬度适中

议一议：

到网络或图书馆去查找参考资料，记下铁碳合金相图中各特性点、特性线的含义，同学之间相互交流、讨论。

> **练一练：**
>
> 1. 工厂里常用的淬火方法有＿＿＿＿、＿＿＿＿、＿＿＿＿和＿＿＿＿等。
> 2. 淬火钢在回火时的组织转变可分为＿＿＿＿、＿＿＿＿、＿＿＿＿、＿＿＿＿四个阶段。
> 3. 用 15 钢制造的齿轮，要求齿轮表面硬度高而心部具有良好的韧性，应采用＿＿＿＿处理。若改用 45 钢制造这一齿轮，则采用＿＿＿＿处理。
> 4. 调质处理是＿＿＿＿的热处理。
> 5. 简述淬火与正火的区别。
> 6. 什么是回火？其作用是什么？适用于什么场合？
> 7. 什么是渗碳、渗氮？在模具表面强化中渗碳和渗氮的作用是什么？

3.4 有色金属材料

学习导入

通常把黑色金属以外的金属称为有色金属，也称为非铁金属。有色金属的产量及用量虽不如黑色金属，但其具有许多特殊的性能，如导电性和导热性好，密度及熔点低、力学性能和工艺性能良好等，因此它是现代工业，特别是国防工业不可缺少的材料。代表性的有色金属有铝及铝合金、铜及铜合金等。

学习目标

1. 了解铝及铝合金、铜及铜合金的分类方法；
2. 熟悉铝及铝合金、铜及铜合金的牌号与应用。

3.4.1 铝及铝合金

铝是一种具有良好导电传热性及延展性的轻金属。在铝中加入少量的铜、镁、锰等合金元素，具有坚硬美观、轻巧耐用、长久不锈的优点，目前被广泛应用在建筑、航空、航天、汽车、机械制造、船舶、化学工业、体育用品等领域。

1. 铝及铝合金的分类

铝及铝合金的分类如图 3-16 所示。

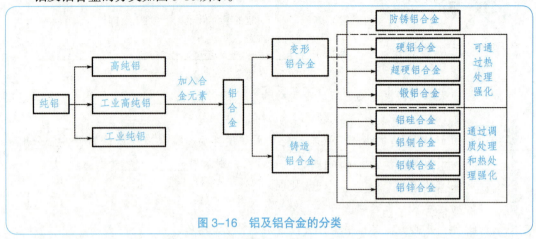

图 3-16 铝及铝合金的分类

纯铝按纯度分为高纯铝、工业高纯铝、工业纯铝三类。

高纯铝：99.93%～99.996%，用于科研，代号 L01～L04。

工业高纯铝：99.85%～99.9%，用于作铝合金的原料、特殊化学器械等，代号 L00、L0。

工业纯铝：98.0%～99.0%，用作管、线、板材和棒材，代号 L1～L6。

铝合金根据成分特点和生产方式不同分为变形铝合金和铸造铝合金。

变形铝合金根据性能不同分为防锈铝、硬铝、超硬铝和锻铝。

> **提示：**
> 高纯铝后的编号数字越大，纯度越高；工业纯铝代号后的编号数字越大，纯度越低。

2. 铝及铝合金的牌号及应用

铝合金根据成分特点和生产方式的不同可分为变形铝合金、铸造铝合金。其中，变形铝合金根据性能不同又分为防锈铝（LF）、硬铝（LY）、超硬铝（LC）和锻铝（LD）四种。按照国家标准（GB 3190—2008）规定：其代号用字母加一组顺序号表示，如 LF5、LC4 等。铸造铝合金其代号用字母"ZL"加三个数字表示，其中，第一位数字表示合金的类别（1 为 Al-Si 系，2 为 Al-Cu 系，3 为 Al-Mg 系，4 为 Al-Zn 系），后两位为合金的序号。

常用变形铝合金和铸造铝合金的牌号及应用见表 3-26、表 3-27。

表 3-26 常用变形铝合金的牌号及应用

类别	代号	牌号	应用
防锈铝合金	LF2	5A02	在液体中工作的中等强度的焊接件、冷冲压件和容器、骨架零件等
	LF21	3A21	要求高的可塑性和良好的焊接性，在液体或气体介质中工作的低载荷零件，如油箱、油管、液体容器等

3.4 有色金属材料

（续表）

类别	代号	牌号	应用
硬铝合金	LY11	2A11	用做各种要求中等强度的零件和构件、冲压的连接部件、空气螺旋桨叶片、局部镦粗的零件（如螺栓、铆钉）
	LY12	2A12	用量最大，用做各种要求高载荷的零件和构件（但不包括冲压件和锻件），如飞机上的骨架零件、翼梁、铆钉等
超硬铝合金	LC4	7A04	用于承力构件和高载荷零件，如飞机上的大梁、桁条、加强框、起落架零件等，多用以取代 2A12
	LC9	7A09	
锻铝合金	LD5	2A50	用于形状复杂、中等强度的锻件和冲压件，内燃机活塞、压缩机叶片、叶轮、圆盘以及其他在高温下工作的复杂锻件
	LD7	2A70	
	LD8	2A80	

表 3-27 常用铸造铝合金的牌号及应用

牌号	应用
ZL101	工作温度低于 185 ℃ 的飞机、仪器零件，如汽化器
ZL102	工作温度低于 200 ℃，承受低载、气密性的零件，如仪表、抽水机壳体
ZL105	形状复杂、在 225 ℃ 以下工作的零件，如风冷发动机的气缸头、油泵体、机壳
ZL108	有高温、高强度及低膨胀系数要求的零件，如高速内燃机活塞等耐热零件
ZL201	在 175 ℃ ~ 300 ℃ 以下工作的零件，如内燃机气缸、活塞、支臂
ZL202	形状简单、要求表面光滑的中等承载零件
ZL301	在大气或海水中工作，工作温度低于 150 ℃，承受振动载荷的零件
ZL401	工作温度低于 200 ℃，形状复杂的汽车、飞机零件

查一查：

到网络或图书馆查一查变形铝及铝合金牌号的表示方法，记下来，同学之间进行交流。

3.4.2 铜及铜合金

由于铜及铜合金具有良好的导电性、导热性、抗磁性、耐蚀性和工艺性，所以在电气工业、仪表工业、造船业及机械行业中得到广泛应用。

1. 铜及铜合金的分类

铜及铜合金的分类如图 3-17 所示。

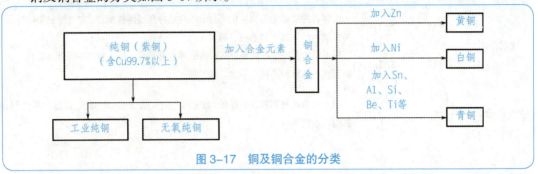

图 3-17　铜及铜合金的分类

纯铜呈紫红色，故又称为紫铜。纯铜的塑性好，易于冷热加工，在大气及淡水中有良好的耐蚀性能。纯铜中含有杂质，一般用于制造受力不大的结构零件。常用冷加工方法制造电线、电缆、铜管及配制铜合金等。

铜加工产品按化学成分不同可分为工业纯铜和无氧铜两类。我国工业纯铜有三个牌号，分别是一号铜（T1）、二号铜（T2）和三号铜（T3）；无氧铜的含氧量极低，其代号有 TU1、TU2。

2. 铜及铜合金的牌号及应用

为了满足制造结构件要求，工业上广泛采用在铜中加入合金元素制成性能得到强化的铜合金。常用的铜合金有黄铜、白铜和青铜三类。黄铜、青铜的牌号及应用见表 3-28、表 3-29。

表 3-28　黄铜的牌号及应用

组别	牌号	应用
普通压力加工黄铜	H90	双金属片、热水管、证章
	H68	复杂的冲压件、散热器、波纹管、轴套、弹壳
	H62	销钉、铆钉、螺钉、螺母、垫圈、夹线板、弹簧
特殊压力加工黄铜	HSn90-1	船舶上的零件、汽车和拖拉机上的弹性套管
	HSi80-3	船舶上的零件、在蒸汽条件下工作的零件
	HMn58-2	弱电电路上使用的零件
	HPb59-1	热冲压及切削加工零件，如销钉、螺钉、螺母、轴套等
铸造黄铜	ZCuZn38	法兰、阀座、手柄、螺母
	ZCuZn40Mn2	在淡水、海水及蒸汽中工作的零件，如阀体阀杆、泵管接头等
	ZCuZn33Pb2	煤气和给水设备的壳体、仪器的构件

3.4 有色金属材料

表 3-29 青铜的牌号及应用

组别	牌号	应用
压力加工青铜	QSn4-3	弹性元件、管配件、化工机械中的耐磨零件及抗磁零件
	QSn6.5-0.1	弹簧、接触片、振动片、精密仪器中的耐磨零件
	QSn4-4-4	重要的减磨零件，如轴承、轴套、蜗轮、丝杠、螺母等
	QAl9-4	耐磨零件，如轴承、蜗轮、齿圈等；在蒸汽及海水中工作的高强度、耐蚀性零件
	QBe2	重要的弹性元件、耐磨件及在高速、高压、高温下工件的轴承
	QSi3-1	弹性元件；在腐蚀介质下工作的耐磨零件，如齿轮、蜗轮等
铸造青铜	ZCuSn5Pb5Zn5	较高负荷、中速的耐磨、耐蚀零件，如轴瓦、缸套、蜗轮等
	ZCuSn10Pb1	高负荷、高速的耐磨零件，如轴瓦、衬套、齿轮等
	ZCuPb30	高速双金属轴瓦
	ZCuAl9Mn2	耐磨、耐蚀零件，如齿轮、蜗轮、衬套等

议一议：

图 3-18 所示的螺旋桨叶片及法兰阀分别用什么材料制造？

图 3-18 螺旋桨叶片及法兰阀

查一查：

随着科技的发展，工程材料的品种越来越多，除了介绍的金属材料以外，近年来又涌现出了有机高分子材料、陶瓷材料、复合材料等，课余时间到网络或图书馆查一查，同学之前相互交流。

> **练一练：**
>
> 1. 铝是一种具有良好_____性及_____性的轻金属。在铝中加入少的_____、_____、锰等合金元素形成铝合金。
> 2. 由于铜及铜合金具有良好的_____性、_____性、_____性、_____性和工艺性，所以在电气工业、仪表工业、造船业及机械业中得到广泛应用。
> 3. 用于制造飞机上的大梁、起落架零件的是_____铝合金。
> 4. 用于制造在淡水、海水及蒸汽中使用的阀体阀杆、泵管接头等零件的是_____黄铜。

知识拓展　变形铝及铝合金牌号的表示方法

> GB/T 16474—1996规定我国变形铝及铝合金采用国际四位数字体系牌号和四位字符体系牌号两种命名方法。化学成分已在国际牌号注册组织命名的铝及铝合金，直接采用四位数字体系牌号；国际牌号注册组织未命名的，则按四位字符体系牌号命名。两种牌号命名方法的区别仅在第二位，字符体系牌号第二位为英文大写字母。

1. 牌号第一位数字表示铝及铝合金的组别

1×××，2×××，3×××…9×××，分别按顺序代表纯铝（含铝量大于99.00%），以铜为主要合金元素的铝合金，以锰、硅、镁、镁和硅、锌等为主要合金元素的铝合金及备用合金组。

2. 牌号第二位数字（国际四位数字体系）或字母（四位字符体系）表示原始纯铝及铝合金的改型情况

（1）数字0或字母A表示原始纯铝和原始合金。

（2）如果是1～9或B～Y（C、I、L、N、O、P、Q、Z八个字母除外）中的一个，则表示改型情况。

3. 最后两位数字用以标识同一组中不同的铝合金

纯铝则表示铝的最低质量分数中小数点后面的两位。

实训项目　洛氏硬度试验

> **学习目标**
>
> 1. 了解HR-100型洛氏硬度试验机的结构和各部分的功能；
> 2. 掌握试验的步骤和注意事项；
> 3. 通过本试验学习，培养学生一丝不苟的精细态度和认真分析数据的科学精神。

1. 洛氏硬度试验步骤

（1）如图 3-19 所示，将 45 正火钢试样置于工作台上，顺时针旋转手轮 7，使试样与压头 3 缓慢接触，直到表盘小指针指在"3"或"小红点"处，此时即已预加载荷 10 kgf。

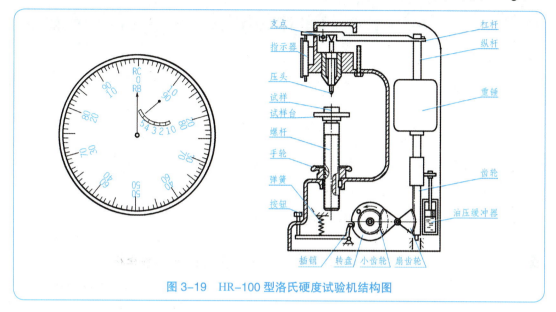

图 3-19　HR-100 型洛氏硬度试验机结构图

（2）将表盘大指针调整至零点（HRA、HRC 零点为 0，HRB 零点为 30），稍差一些时可转动读数盘调整对准。

（3）向前拉动右侧下方水平方向的手柄，以施加主载荷。当指示器指针停稳后保持 5 s，向后慢拉加载试验力手柄，卸去主试验力，保留初试验力。

（4）读取并记录硬度计表头长指针指向的数据（采用金刚石压头（HRA、HRC）时读外圈黑字，采用钢球压头（HRB）时读内圈红字）。

（5）逆时针转动手轮使工作台下降，更换测试点，重复上述操作（一般每个试样测 5 次）。

（6）测试完毕，取下试样，并填表 3-30。

表 3-30　数据记录与处理表

试件编号					
HRC（读数）					
HRC（硬度值）					

2. 注意事项

（1）加载缓冲器空载下降时间应调整为 4~6 s。

（2）试件的最小厚度应大于压痕深度的 10 倍。

（3）两个测试点之间间隔应大于 5 mm。

（4）被测表面应与压头保持垂直。

第 4 章 常用机构

机构是一个构件系统,可以用来传递运动和力。在日常生产与生活中,各种各样的机构都在为人们服务着,如门窗的转动机构、起重机的升降机构、汽车雨刷的摆动机构、台式或落地扇的摇头机构等。

4.1 平面四杆机构

学习导入

平面四杆机构能够进行多种运动形式的转换,构件一般由铰链连接,连接处是面接触,因此单位面积上的压力较小,便于润滑、磨损小、使用寿命较长,两构件接触表面是圆柱面或平面,制造方便,在各种机械设备中应用广泛。

学习目标

1. 理解运动副的含义和分类;
2. 熟悉平面机构运动简图的符号;
3. 掌握平面四杆机构的基本类型及应用;
4. 了解平面四杆机构的演化形式及应用。
5. 通过本节内容学习,培养学生尊重科学、实事求是的态度。

4.1.1 平面机构概述

在同一平面或相互平行平面内运动的机构称为平面连杆机构。平面连杆机构是由一些刚性构件,用转动副或移动副相互连接而组成,并在同一平面或相互平行平面内运动的机构。平面连杆机构的构件形状多种多样,不一定为杆状,但从运动原理看,均可用等效的杆状构件替代。

4.1 平面四杆机构

 运动副　两构件直接接触并能产生一定相对运动的连接，称为运动副。

根据接触形式不同，运动副分为低副和高副，其类型、特点及应用见表4-1。

表 4-1　运动副的类型、特点及应用

类型		图例	特点及应用
低副	转动副		两构件只能作相对转动的运动副称为转动副，如轴承与轴颈的连接、铰链的连接等
	移动副		两构件在接触处只允许作相对移动的运动副称为移动副，如床鞍与导轨之间的接触、活塞与缸体之间的接触等
	螺旋副		两构件只能沿轴线作相对螺旋转动的运动副称为螺旋副，如螺旋千斤顶、活络扳手等
高副	点接触高副		两构件之间只能作点接触或线接触的运动副称为高副，如火车车轮与铁轨的接触、凸轮机构的接触、齿轮副的接触等
	线接触高副		

由于低副接触的表面是平面或圆柱面，承受载荷时的单位面积压力较小，故较为耐用，传力性能好。但低副是滑动摩擦，摩擦损失大，效率低。

高副承受载荷时单位面积上的压力较大，两构件接触处容易磨损，制造和维修较困难，使用寿命短。但高副能传递较复杂的运动。

 想一想：
日常生产与生活中你还见到过哪些运动副？它们各属于哪一类？

平面机构运动简图

在研究机构运动时，为了便于分析，通常可不考虑它们因强度等原因形成的复杂外形及具体构造，仅用简单的符号和线条表示，并按一定的比例定出各运动副及构件的位置，这种表示机构各构件之间相对运动关系的图形称为平面机构运动简图。

简图图形符号说明如下：

（1）构件均用直线或小方块等表示，画有斜线的构件表示机架。两构件组成转动副时，其表示方法如图4-1所示。表示回转副的圆圈，其圆心必须与回转轴线重合（又称为铰链）。

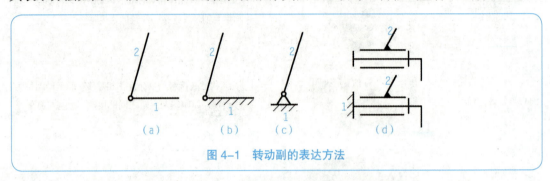

图 4-1 转动副的表达方法

（2）两构件组成移动副的表示方法如图4-2所示。

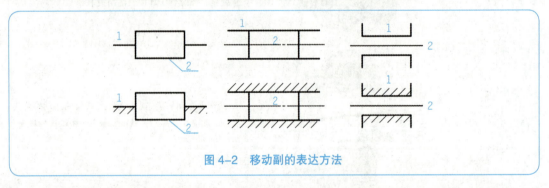

图 4-2 移动副的表达方法

（3）两构件组成平面高副时，运动简图中应画出两构件接触处的曲线轮廓。对于齿轮常用点画线画出其节圆，对于凸轮、滚子，习惯上画出其全部轮廓，如图4-3所示。

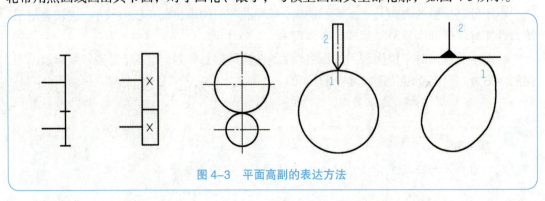

图 4-3 平面高副的表达方法

（4）其他常用运动副的代表符号见表4-2。

表4-2 常用运动副的代表符号

名称	代表符号	名称	代表符号
轴、杆等		圆柱齿轮圆锥齿轮	
固定构件		外啮合圆柱齿轮机构	
两副元素构件		内啮合圆柱齿轮机构	
三副元素构件		齿轮、齿条机构	
转动副		圆锥齿轮机构	
移动副		蜗杆、蜗轮机构	
凸轮机构		带传动	类型符号，标注在带的上方 V带 圆带 平带
棘轮机构		链传动	类型符号，标注在轮轴连心线上方 滚子链# 齿形链W

4.1.2 平面四杆机构的组成与分类

1. 平面四杆机构的组成

> 构件间以四个转动副相连的平面四杆机构,称为平面铰链四杆机构,简称铰链四杆机构。铰链四杆机构是四杆机构的基本形式,也是其他多杆机构的基础。

如图 4-4 所示的铰链四杆机构中,固定不动的构件 4 称为机架,不与机架直接相连的构件 2 称为连杆,与机架相连的构件 1、3 称为连架杆。

图 4-4 铰链四杆机构

2. 平面四杆机构的分类

根据连架杆的运动形式不同,平面四杆机构分为曲柄摇杆机构、双曲柄机构和双摇杆机构三种类型,其类型和特点见表 4-3。

表 4-3 平面连杆机构的类型和特点

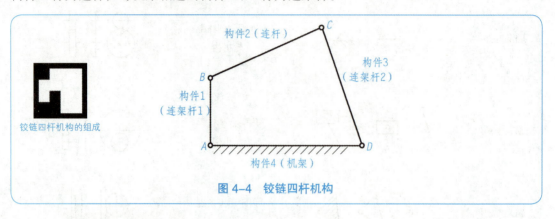

类型	应用实例	特点
曲柄摇杆机构	卫星接收装置　搅拌机	两连架杆中一个为曲柄,另一个为摇杆的平面四杆机构称为曲柄摇杆机构。在曲柄摇杆机构中,曲柄为主动件,作匀速转动;摇杆为从动件,作变速往复摆动
双曲柄机构（不等长双曲柄机构）	惯性筛机构	两个连架杆均为曲柄的平面四杆机构称为双曲柄机构。运动形式为主动件等速回转,从动件变速回转

4.1 平面四杆机构

（续表）

类型		应用实例	特点
双曲柄机构	平行双曲柄机构	平行四边形机构　　火车轮联动机构	在双曲柄机构中，若相对的两杆长度分别相等，且两曲柄转向相同时，两个曲柄的角速度将始终相等，连杆将始终与机架平行，四根杆形成一平行四边形，称为平行四边形机构
	反向双曲柄机构	反平行四边形机构　　车门启闭机构	连杆与机架的长度相等且两曲柄长度相等，曲柄转向相反，角速度也不相同的双曲柄机构称为反向双曲柄机构
双摇杆机构		鹤式起重机　　飞机起落架收放机构	铰链四杆机构中，若两个连架杆均为摇杆，则此四杆机构称为双摇杆机构

想一想：

如图4-5、图4-6和图4-7所示，判断这三种机构是属于平面四杆机构中的哪种类型？

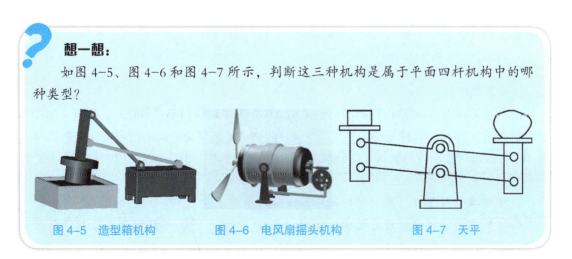

图4-5　造型箱机构　　　图4-6　电风扇摇头机构　　　图4-7　天平

4.1.3 平面四杆机构的基本性质

1. 曲柄存在的条件

平面四杆机构三种基本类型的主要区别，就在于连架杆是否为曲柄，而连架杆能否成为曲柄，则取决于机构中各杆件的相对长度和最短杆件所处的位置。铰链四杆机构存在曲柄，必须满足以下两个条件：

（1）连架杆与机架中必有一个是最短杆；

（2）最短杆与最长杆长度之和必小于或等于其余两杆长度之和。

根据曲柄存在的条件，推出平面四杆机构的三种基本类型的判别方法如下：

（1）最长杆与最短杆长度之和小于或等于其余两杆之和（$L_{max}+L_{min} \leq L'+L''$），则：

最短杆为连架杆时，构成曲柄摇杆机构，如图4-8所示；

最短杆为机架时，构成双曲柄机构，如图4-9所示；

最短杆为连杆时，构成双摇杆机构，如图4-10所示。

（2）最长杆与最短杆长度之和大于其余两杆之和（$L_{max}+L_{min} > L'+L''$），则直接判断为双摇杆机构。

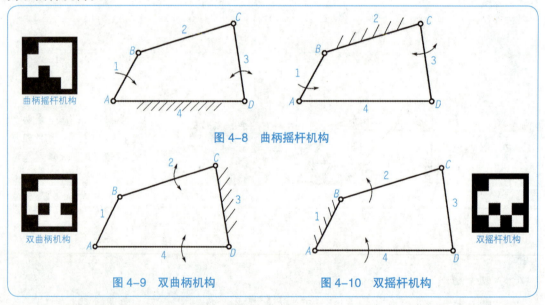

图4-8 曲柄摇杆机构

图4-9 双曲柄机构　　图4-10 双摇杆机构

2. 急回特性

如图4-11所示的曲柄摇杆机构，当曲柄AB作为主动件做整周转动时，摇杆CD作为从动件做往复摆动，其往复摆动的角度为φ。曲柄AB在转动一周的过程中，有两次与连杆BC共线的位置。这时摇杆CD分别位于两极限位置C_1D和C_2D。对应两位置所夹的锐角称为极位夹角，用θ表示。

由于摇杆往复摆动所用的时间不等，所以平均速度也不等，通常情况下，摇杆C_1D摆到C_2D的过程被用作机构中从动件的工作行程，摇杆C_2D摆到C_1D的过程被用作机构中从动件的空回行程，机构的这种性质称为急回特性。

机械的急回特性可以节省非工作时间，提高生产率，如牛头刨床退刀速度明显高于工作速度，就是利用了四杆机构的急回特性。

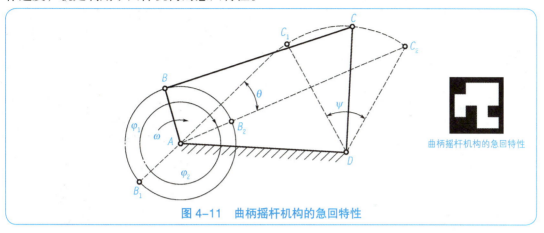

图 4-11 曲柄摇杆机构的急回特性

3. 死点位置

如图 4-12 所示的曲柄摇杆机构，若取摇杆 DC 为主动件，当摇杆处于图中 DC_1 或 DC_2 两极限位置时，连杆 BC 与曲柄 AB 共线，摇杆经过连杆施加给曲柄的力必然通过铰链中心 A，此时曲柄不能获得转矩，故曲柄 AB 不会转动，转向也不能确定。当机构的连杆与曲柄共线，使曲柄无法运动或出现运动方向不确定的位置称为机构的死点位置。

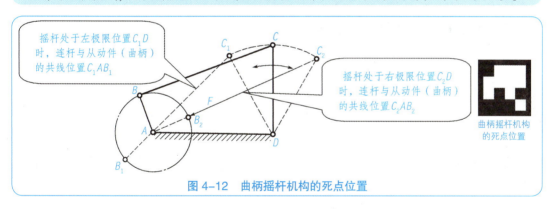

图 4-12 曲柄摇杆机构的死点位置

在工程中，有时也利用死点位置的特性来实现某些工作要求。如图 4-13 所示的钻床连杆式快速夹具。工件夹紧后，BCD 成一直线，撤去外力 F 之后，机构在工件反弹力 T 的作用下，处于死点位置。即使反弹力很大，工件也不会松脱，使夹紧牢固可靠。

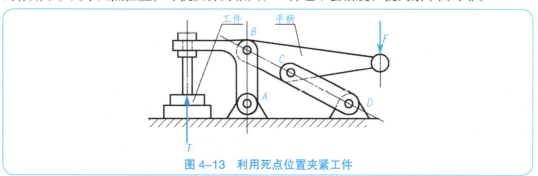

图 4-13 利用死点位置夹紧工件

议一议：

如图 4-14 所示的缝纫机驱动机构，在什么情况下有可能出现死点位置？应如何克服呢？

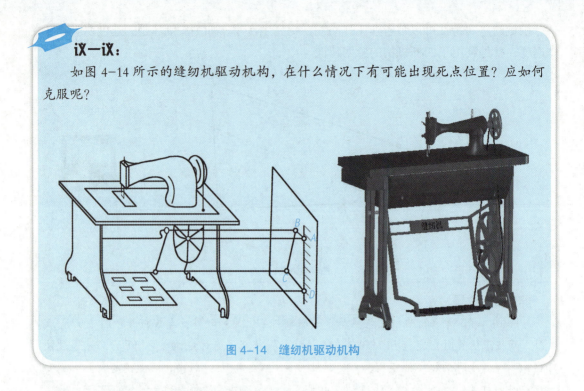

图 4-14　缝纫机驱动机构

4.1.4　平面四杆机构的演化

在生产实际中，以上介绍的铰链四杆机构远远不能满足需要，还广泛地采用其他形式的四杆机构，这些类型的四杆机构都可看作由铰链四杆机构演化而来。常见的演化形式有曲柄滑块机构、导杆机构等。

1. 曲柄滑块机构

曲柄滑块机构是具有一个曲柄和一个滑块的平面四杆机构，是曲柄摇杆机构的一种演化形式。由图 4-11 可知，当摇杆 CD 的长度趋于无穷大，原来沿圆弧往复运动的 C 点变成沿直线的往复移动，也就是摇杆变成了沿导轨往复运动的滑块 3（图 4-15），曲柄摇杆机构就演变成了曲柄滑块机构。

曲柄滑块机构在机械中应用很广，如图 4-16 所示的自动送料和图 4-17 所示的内燃机均是利用的曲柄滑块机构。

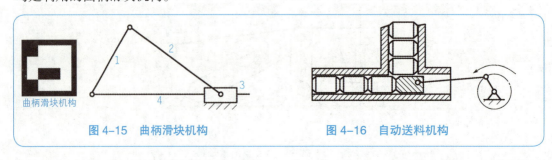

图 4-15　曲柄滑块机构　　　　图 4-16　自动送料机构

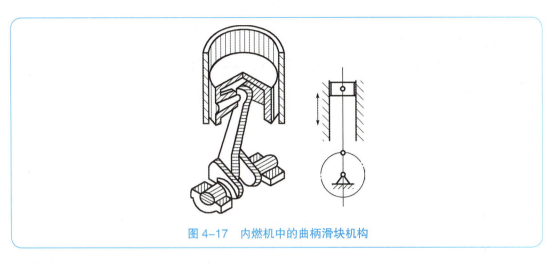

图 4-17 内燃机中的曲柄滑块机构

2. 导杆机构

导杆机构可以看成是通过改变曲柄滑动机构中固定件的位置演化而来的。当曲柄滑块机构选取不同构件作为机架时，会得到不同的导杆机构类型，见表 4-4。

表 4-4 导杆机构类型与应用

导杆机械类型	应用实例	机构简图	应用特点
摆动导杆机构	牛头刨床主运动机构		主动件 AB 作等速回转，从动导杆 BC 作往复摆动，带动滑枕作往复直线运动
移动导杆机构	手动抽水机构		扳动手柄 1，可以使活塞杆（杆 4）在唧筒（杆 3）内上下移动，从而完成抽水动作
曲柄摇块机构	自卸汽车卸料机构		利用油缸（摇块 3）的油压推动活塞（杆 4）运动，迫使车厢（杆 1）绕 B 点翻转，物料便自动卸下

查一查：

到网络或图书馆查一查，还有哪些地方用到曲柄滑块机构和导杆机构？记下来，与同学进行交流。

练一练：

1. 平面连杆机构是由一些刚性构件，用_____或_____相互连接而组成，并在同一平面或相互平行平面内运动的机构。
2. 铰链四杆机构分为_____、_____和_____三种基本类型，是根据_____来划分的。
3. 铰链四杆机构中最短杆与最长杆长度之和大于_____时，则不论取哪一杆作为机架，均只能构成_____机构。
4. 家用缝纫机的踏板机构属于_____机构，它是以_____为主动件。
5. 在曲柄摇杆机构中，当摇杆为主动件时，其死点有_____个。该机构的_____和_____处于共线状态。
6. 飞机起落架应用了_____机构的_____特性。
7. 牛头刨床的横向进给运动由_____机构实现；滑枕的运动由_____机构实现。
8. 活塞与缸体之间的接触属于_____。
9. 手动抽水机运用的是_____。
10. 举例说明死点位置的应用。

4.2 凸轮机构

学习导入

在机械工业中，当需要从动件按照复杂的运动规律运动，或从动件的位移、速度、加速度按照预定的规律变化时，常采用凸轮机构来实现。凸轮机构是一种常用的机构，其广泛应用于自动化和半自动化机械中。

4.2 凸轮机构

> **学习目标**
>
> 1. 了解凸轮机构的类型及特点；
> 2. 理解凸轮机构的工作特性；
> 3. 熟悉凸轮的应用。
> 4. 通过本节内容学习，培养学生的文化自信，激发学生学习专业的使命感和责任感。

4.2.1 凸轮机构的类型及特点

如图 4-18 所示，凸轮机构是由凸轮、从动件和机架组成的高副机构。其中，凸轮是一个具有曲线轮廓或凹槽的构件，主动件凸轮通常作等速转动或移动，凸轮机构是通过高副接触使从动件移动得到所预期的运动规律。

1. 凸轮机构的分类

凸轮机构的分类方法很多，可以按凸轮的形状分，也可以按从动件形状及运动形式分，其类型及特点见表 4-5。

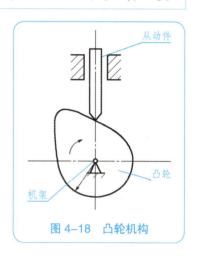

图 4-18 凸轮机构

表 4-5 凸轮形状的类型及特点

分类方法	类型	图例	特点
按凸轮形状分	盘形凸轮		盘形凸轮是一个绕固定轴线转动并具有变化半径的盘形零件。从动件在垂直于凸轮旋转曲线的平面内运动
	圆柱凸轮		圆柱凸轮是一个圆柱面上开有曲线凹槽或在圆柱端面上作出曲线轮廓的构件，它可看作是将移动凸轮卷成圆柱体演化而成的
	移动凸轮		移动凸轮可看作是盘形凸轮的回转中心趋于无穷远，相对于机架作往复直线移动

（续表）

分类方法	类型	图例		特点
按从动件的端部形状和运动形式分	尖顶从动件	移动	摆动	构造简单，但易磨损，只适用于作用力不大和速度较低的场合
	滚子从动件	移动	摆动	滚子与凸轮轮廓之间为滚动摩擦，磨损较小，故可用来传递较大的动力，应用较广
	平底从动件	移动	摆动	凸轮与平底的接触面间易形成油膜，润滑较好，常用于高速传动中

2. 凸轮机构的应用特点

与平面连杆机构相比，凸轮机构具有结构简单、紧凑、设计方便、便于准确实现给定的运动规律和轨迹的特点；但由于凸轮轮廓与从动件之间为点接触或线接触，易于磨损，所以多用于传力不大的机械、仪表、控制机构中。

4.2.2 凸轮机构的工作特性及应用

1. 凸轮机构的工作特性

凸轮机构中最常用的运动形式为凸轮作等速回转运动，从动件作往复移动。如图 4-19 所示为最基本的对心外轮廓盘形凸轮机构。以凸轮轮廓上最小半径所画的圆称为凸轮的基圆，其半径用 r_0 表示。

图4-19中从动件位于最低位置,它的尖端与凸轮轮廓上点A(基圆与曲线AB的连接点)接触。当凸轮按逆时针方向回转时,凸轮的从动件按照一定的运动规律逐渐升到最高点B,这个过程称为推程。凸轮转过的角度称为推程角 $\varPhi_0$。过B点凸轮继续回转,从动件在最高处停止不动,直至C点处,此时走过的行程称为远停程。凸轮所转过的角度称为远停角 $\varPhi_s$。过了C点,从动件按照一定的运动规律逐渐下降至最低点D,这个行程称为回程。凸轮所转过的角度称为回程角 $\varPhi'$。最低点D至A点从动件停止不动,这个行程称为近停程。凸轮转过的角度称为近停角 $\varPhi_s'$。

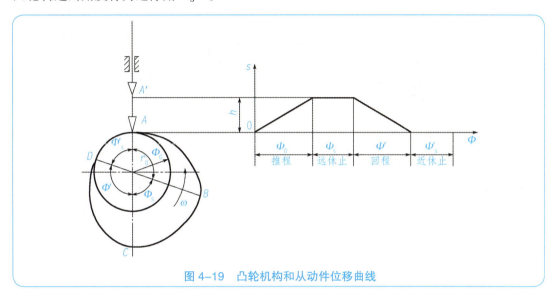

图 4-19 凸轮机构和从动件位移曲线

从图4-19的分析,得出最基本的从动件的位移变化规律,见表4-6。

表 4-6 从动件的位移变化规律

从动件运动状态	凸轮运动	凸轮转过的角度
升	AB	$\varPhi_0$
停	BC	$\varPhi_s$
降	CD	$\varPhi'$
停	DA	$\varPhi_s'$

2. 凸轮机构的应用

凸轮机构广泛用于自动化和半自动化机械中。

图 4-20 所示为内燃机的配气机构,当凸轮以等速度转动时,迫使推杆有规律地实现进气、排气阀的开启与闭合。

图 4-21 为自动车床的走刀机构,当带有凹槽的凸轮转动时,通过槽中的滚子,驱使推杆作有规律的往复移动,再通过齿轮与齿条的传动实现进刀与退刀运动。

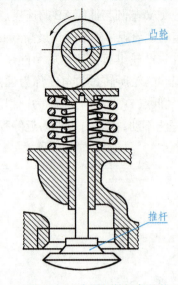

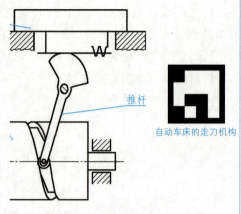

图 4-20 内燃机的配气机构　　　图 4-21 自动车床的走刀机构

议一议：
生产与生活中还有哪些地方用到凸轮机构？请举例说明。

练一练：

1. 凸轮机构是由_____、_____和_____组成的高副机构，凸轮机构是通过高副接触使_____移动得到所预期的运动规律。

2. 凸轮机构从动杆的形式有_____从动杆、_____从动杆和_____从动杆。

3. 适用于作用力不大和速度较低场合的从动件是_____；用来传递较大动力的从动件是_____；常用于高速传动的从动件是_____。

4. 简述图 4-22 所示录音机卷带机构与缝纫机拉线机构的工作原理。

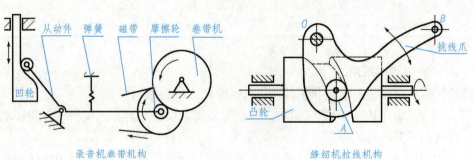

图 4-22 凸轮机构应用实例

4.3 间歇机构

学习导入

在自动化生产中,有时需要将成品或加工的零件在适当位置进行停歇,这种能够将主动件的连续运动转换成从动件的周期性运动或停歇的机构称为间歇机构。如棘轮机构、槽轮机构和不完全齿轮机构均属于此类型机构。

学习目标

1. 了解棘轮机构、槽轮机构和不完全齿轮机构的组成及工作原理;
2. 熟悉棘轮机构、槽轮机构与不完全齿轮机构的类型、特点及应用。

4.3.1 棘轮机构

1. 棘轮机构的组成和工作原理

图 4-23 所示为常见的外啮合齿式棘轮机构,它主要由摆杆、棘爪、棘轮、止回棘爪、弹簧和机架组成。当主动摆杆逆时针方向摆动时,棘爪插入棘轮的齿槽中,推动棘轮同向转过一定角度,此时止回棘爪在棘轮的齿背上滑过。当摆杆顺时针方向转动时,止回棘爪阻止棘轮发生反向转动,而棘爪只能在棘轮的齿背上滑过并回到原位,这时棘轮静止不动。因此,当主动件作连续的往复摆动时,棘轮作单向的间歇运动。

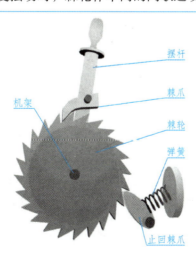

图 4-23 齿式棘轮机构

2. 棘轮机构的类型和特点

棘轮机构的分类方式很多，常见棘轮机构的类型和特点见表 4-7。

表 4-7 棘轮机构的类型和特点

分类	类型	图形	特点
按结构分	齿式棘轮机构		结构简单，运动可靠，主从动关系可互换；动程可在较大范围内调节，动停时间比可通过选择合适的驱动机构实现。但动程只能做有级调节；有噪声、冲击、易磨损，不宜用于高速场合
	摩擦式棘轮机构		用偏心扇形楔块代替齿式棘轮机构中的棘爪，以无齿摩擦轮代替棘轮。它的特点是传动平稳、无噪声，传递扭矩大，动程可无级调节。由于靠摩擦力传动，会出现打滑现象，传动精度不高。适用于低速轻载的场合
按啮合方式分	外啮合式棘轮机构	外啮合齿式棘轮机构　外啮合摩擦式棘轮机构	外啮合式棘轮机构的棘爪或楔块安装在棘轮的外部，应用较广，其缺点是占用空间较大
	内啮合式棘轮机构	内啮合齿式棘轮机构　内啮合摩擦式棘轮机构	内啮合式棘轮机构的棘爪或楔块安装在棘轮的内部，其特点为结构紧凑，外形尺寸小

4.3 间歇机构

（续表）

分类	类型	图形	特点
按运动形式分	单向间歇移动机构		当棘轮半径为无穷大时，棘轮就成了棘齿条，主动件往复摆动时，棘爪即推动棘齿条作单向间歇移动
	双动式棘轮机构		在主动摆杆上安装两个主动棘爪，在其向两个方向往复摆动的过程中分别带动两棘爪，依次推动棘轮转动，称为双动式棘轮机构。该机构结构紧凑，承载较大
	双向式棘轮机构		可以实现棘轮两方向间歇运动，这类棘轮机构称为双向式棘轮机构。其工作原理是变换棘爪相对棘轮的位置，实现棘轮的变向

3. 棘轮机构的应用

棘轮机构所具有的单向间歇运动特性，在实际应用中可满足送进、制动、超越离合等工艺要求。

牛头刨床横向进给机构及进给量的调整如图4-24所示，齿轮2带动齿轮1转动，连杆摆动棘爪，拨动棘轮使丝杆转一个角度，实现横向进给。反向时，由于棘爪后面是斜的，爪内弹簧被压缩，棘爪从棘轮顶滑过，因此工作台横向自动进给是间歇的。

图4-24　牛头刨床运动及调整

第 4 章 常用机构

图 4-25 所示为自行车后轴上的超越机构，实际上是一个内啮合棘轮机构。飞轮的外圆周是链轮，内圆周制成棘轮轮齿，棘爪安装在后轴上。当链条驱动飞轮转动时，飞轮内侧的棘齿通过棘爪带动后轴转动，当链条停止运动或反向带动飞轮时，棘爪沿飞轮内侧棘轮的齿背滑过，后轴在自行车惯性作用下与飞轮脱开而继续转动，产生了"从动"超越"主动"的超越作用。

图 4-26 所示为起重设备中常用的防逆转棘轮机构。鼓轮和棘轮用键连接于轴上，当轴逆时针回转时，转动的鼓轮提升重物，棘爪在同步转动的棘轮齿背表面滑过，到达需要高度时，轴、鼓轮和棘轮停止转动，此时棘爪在弹簧作用下嵌入棘轮的齿槽内，可防止鼓轮逆转，从而保证了起重工作的安全可靠。

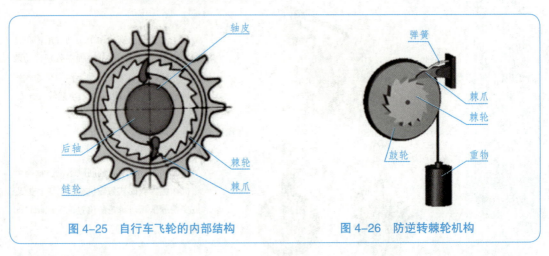

图 4-25 自行车飞轮的内部结构　　图 4-26 防逆转棘轮机构

议一议：
生产与生活中还有哪些地方用到棘轮机构？请举例说明。

4.3.2 槽轮机构

1. 槽轮机构的组成和工作原理

图 4-27 所示为单圆销外啮合槽轮机构，它由带圆柱销的拨盘、具有径向槽的槽轮和支撑它们的机架组成。在槽轮机构中，由主动拨盘利用圆柱销带动从动槽轮转动，完成间歇转动。主动销轮顺时针作等速连续转动，当圆销未进入径向槽时，槽轮因内凹的锁止弧被销轮外凸的锁止弧锁住而静止；圆销进入径向槽时，两弧脱开，槽轮在圆销的驱动下转动；当圆销再次脱离径向槽时，槽轮另一圆弧又被锁住，从而实现了槽轮的单向间歇运动。

图 4-27 外啮合槽轮机构

2. 槽轮机构的类型和特点

常用棘轮机构的类型和特点见表 4-8。

表 4-8 棘轮机构的类型和特点

分类	类型	图形	特点
按啮合方式分	外啮合槽轮机构	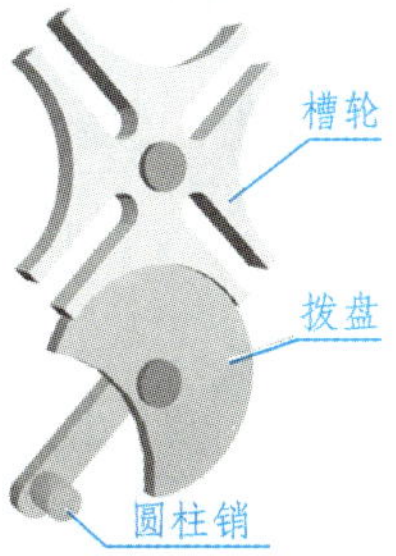	外槽轮机构中的槽轮径向槽的开口是自圆心向外，主动构件与从动槽轮转向相反
	内啮合槽轮机构	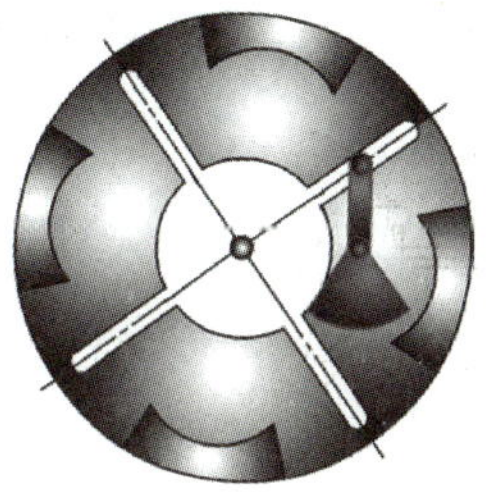	内槽轮机构中的槽轮上径向槽的开口是向着圆心的，主动构件与从动槽轮转向相同。结构紧凑，传动较平稳，槽轮停歇时间较短
按轴的相对位置分	平面槽轮机构	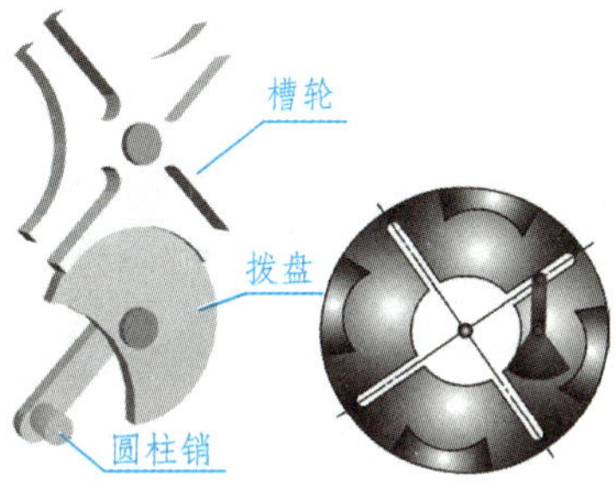	平面槽轮机构分为外槽轮机构和内槽轮机构
	空间槽轮机构	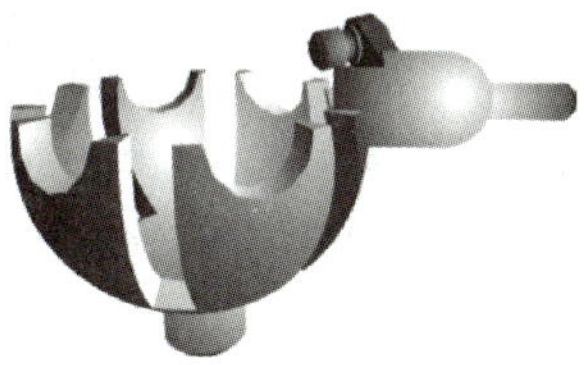	用于传递两垂直相交轴的间歇运动机构。其从动槽轮是半球形，主动构件的轴线与销的轴线都通过球心。当主动构件连续转动时，球面槽轮得到间歇运动。空间槽轮机构结构比较复杂，设计和制造难度较大

3. 槽轮机构的应用

槽轮机构具有结构简单、制造容易、工作可靠、机械效率高的特点，在实际生产中应用较广。

图 4-28 所示的电影放映机的卷片机构，是由槽轮带动胶片，作有停歇的送进，从而形成动态画面。

图 4-29 所示的蜂窝煤制机模盘转位机构，也是利用槽轮机构具有间歇运动特点来工作的。

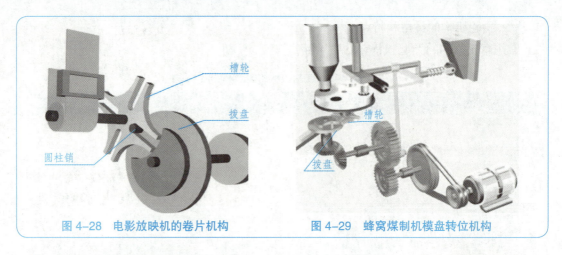

图 4-28 电影放映机的卷片机构　　　图 4-29 蜂窝煤制机模盘转位机构

查一查：
到网络或图书馆查一查，在生产与生活中还有哪些地方用到槽轮机构？记下来，与同学进行交流。

槽轮机构的应用 – 电影放映机中的卷片机构

4.3.3 不完全齿轮机构

不完全齿轮机构是由普通渐开线齿轮演变而成的一种间歇运动机构。如图 4-30 所示，将主动轮的轮齿切去一部分，当主动轮连续转动时，从动轮作间歇转动；从动轮停歇时，主动轮外凸圆弧和从动轮内凹圆弧相配，将从动轮锁住，使之停止在预定位置上，以保证下次啮合。

不完全齿轮机构有外啮合（图 4-30）和内啮合（图 4-31）两种，外啮合两轮转向相反，内啮合两轮转向相同。

不完全齿轮机构，由于主动轮被切齿的范围可按需要设计，能满足对从动件停歇次数、停歇和运行时间等多重要求。不完全齿轮机构，在从动轮运动始末有较大冲击，在运行中途较槽轮机构平稳，只适用于低速、轻载的场合，但工艺比较复杂。

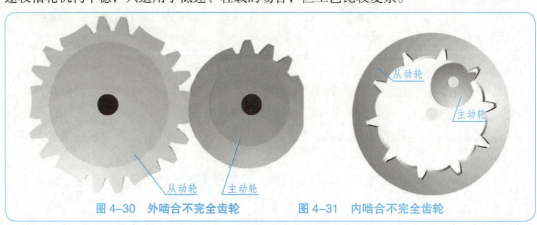

图 4-30 外啮合不完全齿轮　　　图 4-31 内啮合不完全齿轮

4.3 间歇机构

练一练：

1. 常见的间歇运动机构类型有_____、_____和_____。

2. 间歇机构是能够将主动件的_____运动转换成从动件的_____的机构。

3. 外啮合槽轮机构中槽轮的转向与主动曲柄的转向_____；内啮合槽轮机构中槽轮的转向与主动曲柄的转向_____。

4. 动程可在较大范围内调节，动停时间比可通过选择合适的驱动机构实现的是_____机构。

5. 简述齿式棘轮机构和摩擦式棘轮机构的特点及应用。

第 5 章 连 接

机器都是由零部件装配而成的组合体,零部件之间通过不同形式的连接实现各自的职能。连接的形式很多,根据被连接件之间的相互关系分为动连接和静连接;根据连接件是否可拆卸分为可拆连接和不可拆连接。常用的不可拆连接有焊接、铆接与胶接;可拆连接有螺纹连接、键连接、销连接、离合器与联轴器连接等。

5.1 螺纹连接

学习导入

螺纹连接是一种可拆卸的固定连接,它具有结构简单、连接可靠、装拆方便、生产效率高、成本低等优点,且多数螺纹连接件已标准化,在机械行业中应用非常广泛。

学习目标

1. 了解螺纹连接的主要类型及常用连接件;
2. 正确识读螺纹标记;
3. 熟悉螺纹的种类、特点、应用及主要参数。
4. 通过本节内容学习,理解相互协作、团结合作的重要性。

5.1.1 螺纹连接的类型及应用

螺纹连接分为普通螺纹连接和特殊螺纹连接两大类;普通螺纹连接的基本类型有螺栓连接、双头螺柱连接、螺钉连接等,其结构及应用见表 5-1。除普通螺纹连接以外的连接均称为特殊螺纹连接。

5.1 螺纹连接

表 5-1 普通螺纹连接的结构及应用

类型	螺栓连接	双头螺柱连接	螺钉连接	紧定螺钉连接
结构				
特点及应用	螺栓穿过被连接件的通孔，与螺母组合使用，装拆方便，成本低，不受被连接件材料限制。广泛用于传递轴向载荷且被连接件厚度不大，能从两边进行安装的场合	双头螺柱的一端旋入较厚被连接件的螺纹孔中并固定，另一端穿过较薄连接件的通孔，与螺母组合使用，适用于被连接件之一较厚、材料较软且经常装拆，连接紧固或紧密程度要求较高的场合	螺钉穿过较薄被连接件的通孔，直接旋入较厚被连接件的螺纹孔中，不用螺母，结构紧凑，适用于被连接件之一较厚，受力不大，且不经常装拆，连接紧固或紧密程度要求不太高的场合	紧定螺钉旋入一被连接件的螺纹孔中，并用尾部顶入另一被连接件的表面或相应的凹坑中，固定它们的相对位置，还可传递不大的力或转矩

想一想：
你曾经在哪些地方见到过螺纹连接？它们分别是哪种类型？

5.1.2 螺纹连接的防松

螺纹连接用于有震动或冲击场合时，会发生松动，为防止螺钉或螺母松动，必须有可靠的防松装置。防松的方法很多，按工作原理不同，可分为摩擦防松、机械防松和破坏螺纹副防松。常用螺纹防松装置的类型及应用见表 5-2。

表 5-2 常用螺纹防松装置的类型及应用

类型		结构形式	特点及应用
摩擦防松	对顶螺母	 摩擦防松——（b） 对顶螺母防松	利用主、副螺母的对顶作用，把该段螺纹拉紧，保持螺纹间的压力。即使外载荷消失，此压力也仍然存在。此装置由于使用两只螺母，增加了结构尺寸和质量，一般应用于低速重载或较平稳的场合

95

（续表）

类型		结构形式	特点及应用
摩擦防松	弹簧垫圈	摩擦防松――（a）弹簧垫圈防松	垫圈压平后产生弹力，保持螺纹间的压力，增加了摩擦力，同时切口尖角也有阻止螺母反转的作用，但因弹力不均，螺母容易偏斜。其结构简单，一般用于工作较平稳、不经常装拆的场合
机械防松	槽形螺母与开口销	机械放松――开口销防松	用开口销把螺母直接锁紧在螺栓上，使螺母与螺栓不能产生相对转动，防松安全可靠，多用于变载和振动的场合
	圆螺母止动垫圈	圆螺母与止动垫圈	先将垫圈内翅插入螺杆槽内，拧紧螺母，再把外翅弯入圆螺母的沟槽中，使螺母和螺杆不能相对运动。常用于受力不大的螺母防松
	六角螺母止动垫圈		旋紧螺母后，止动垫圈一侧被折弯；垫圈另一侧折于固定处，要注意垫圈一定要与六角螺母紧贴，防止回松。常用于连接部分可容纳弯耳的部分
	串联钢丝	串联金属丝防松	螺钉或螺母紧固后，在螺钉或螺母头部小孔中串入钢丝，利用钢丝的牵制作用防止回松。但应注意串孔方向为旋紧方向。常用于布置较为紧凑的成组螺纹连接

5.1 螺纹连接

（续表）

类型		结构形式	特点及应用
破坏螺纹副防松	冲点和点焊	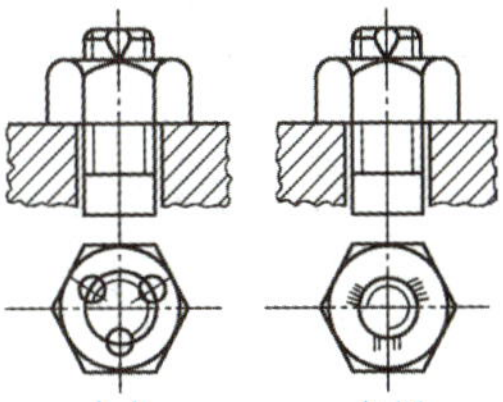  冲点　点焊 不可拆防松（a）冲点防松  不可拆防松（b）电焊防松	将螺钉或螺母拧紧后，在螺纹旋合处冲点或点焊，防松效果较好，用于不再拆卸的场合
	粘接	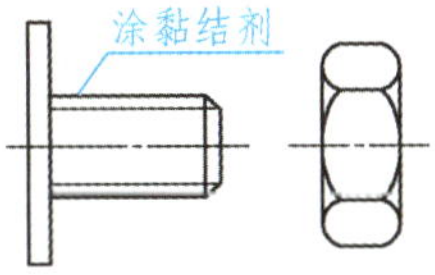  涂黏结剂 不可拆防松（c）粘接法防松	一般采用厌氧粘接剂涂于螺纹旋合表面，拧紧后黏结剂自行固化，防松效果良好，且具有密封作用，但不便于拆卸

查一查：

1. 利用网络或到图书馆进行查找，哪些地方用到螺纹防松装置？记下来，与同学进行交流。

2. 到网络或图书馆查一查，中国高铁上使用的"永不松动螺母"的工作原理，记下来与同学进行探讨。

练一练：

1. 螺纹连接分为普通螺纹连接和_____螺纹连接两大类。其中，普通螺纹连接的基本类型有_____、_____、_____等。

2. 按工作原理不同，防松可分为_____防松_____防松和_____防松三类。

3. 适用于被连接件之一较厚、材料较软且经常装拆场合的是_____连接。

4. 圆螺母止动垫圈属于_____防松。

第5章 连接

> **学习目标**

中国高铁离不开日本"永不松动的螺母"吗？

中国的高铁如今取得的成绩，令世界都刮目相看！而这一切都是依托在中国制造业高速发展的基础之上。大家知道，高铁运营时，高速行驶的列车和铁轨不断接触，形成的摩擦和震动非常大，一般的螺丝在这种振动中会被震松、震飞。不想被震飞，那么就需要螺丝和螺母丝丝入扣、永不松动。有报道说，中国高铁上这小小的螺母却一直采用进口——来自日本哈德洛克（Hard Lock）工业株式会社，一家只有45名员工的小企业。

那么，事实真的是这样的吗？

现在有一个论调就是：到目前为止，没有一家企业能够仿制成功，甚至拿出图样都造不出。因为这个要求看起来很简单，但是要满足它并不容易。世界上做螺丝螺母的企业可多如牛毛，但是能生产这种永不松动的螺母的企业屈指可数，到目前为止，没有一家企业能够仿制成功。

中国高铁是否大量使用了"hardlock 螺母"呢？高铁科普作家"铁路观察"撰文指出，中国早就有了自己的紧固件。早在2002年青藏铁路建设中，要求轨道经过青藏高原的无人区时，压住钢轨的弹条扣件上的紧固件能做到常年免维护。中国自主开发了一种新的防松紧固件，成功地解决了这一难题。十几年过去了，没有发生过一起紧固件松动事故。所以，中国早就掌握了研发和制造防松紧固件的"核心技术"。完全没有依赖日本技术的必要。

据人民网报道，以"复兴号"为例，"复兴号"从"大脑"到"心脏"都实现了实实在在的"中国创造"。整体设计以及车体、转向架、牵引、制动、网络等关键技术都是我国自主研发的，具有完全自主知识产权，可以说是"纯中国血统"。在高速动车组254项重要标准中，中国标准占84%。中国高铁正在走向世界，"中国速度"已世界所认可。

5.2 键连接与销连接

学习导入

键是一种标准件,通常用于连接轴与轴上的旋转零件或摆动零件,起周向固定的作用,用以传递旋转运动和扭矩。

学习目标

1. 了解键连接的类型、特点及应用;
2. 了解销连接的类型、特点及应用;
3. 熟悉平键的标记。
4. 通过本节内容学习,培养学生做事做人精心精细的品质。

5.2.1 键连接

🔍 **1. 键连接的类型、特点及应用**

键连接的类型、特点及应用见表5-3。

表 5–3 键连接的类型、特点及应用

键连接的类型		图例	特点	应用
松键	普通平键	普通平键连接 圆头A型　普通平键连接 方头B型　普通平键连接 半圆头C型	A型平键在槽中固定良好,但槽对轴的应力集中影响较大;B型平键槽对轴的应力集中影响较小,但不利于键的固定;C型平键常用于轴的端部连接	应用广泛,适用于高精度、传递重载荷、冲击及双向扭矩的场合
	导向平键	A型 B型 导向平键连接	是一种较长的平键,通常用螺钉固定在轴槽中。键与轮毂采用间隙配合,轴上零件能作轴向滑动	常用于轴上零件移动量不大的场合,如机床变速箱中的滑移齿轮等

99

（续表）

键连接的类型		图例	特点	应用
松键	滑键	滑键连接	滑键固定在轮毂上，轮毂能带动滑键在轴上的键槽中作轴向滑移	当轴上零件滑移距离较大时宜采用滑键连接
	半圆键	半圆键连接	键的侧面是工作表面，键在轴槽中能绕自身几何中心摆动，装配方便，工艺性较好，但键槽较深，对轴有一定的削弱作用	适用于轻载场合或轴的锥形端部
紧键	楔键	普通楔键连接	有钩头楔键和普通楔键两种。楔键的上下两面是工作面，键的上表面和槽的底面各有1∶100的斜度，装配时需打入，靠楔紧作用传递转矩	主要用于定心精度要求不高、载荷平稳和低速的场合，如带传动等
	切向键	钩头楔键连接	由一对斜度为1∶100的楔键组成，其上下两面为工作面，工作面上的压力沿轴线方向作用，能传递很大的转矩	主要用于直径大于100 mm，对中性要求不高且载荷较大的重型机械，如矿山用大型绞车的卷筒
花键	矩形花键	切向键连接	键齿多、工作面积大、承载能力高，键齿受力均匀；齿根应力集中，强度高且对轴的强度削弱减少；对中性好，导向性较好，定心精度高	广泛应用于飞机、汽车、机床等领域
	渐开线花键	花键连接		多用于载荷较大、定心精度要求较高和尺寸较大的连接

> **想一想：**
> 生活中你见过哪些键连接？分别属于什么类型？

2. 平键的标记

普通平键的标记形式为：键型　键宽 b× 键长 L　标准号

标记示例如下：

键 16×100 GB/T 1096—2003　　表示键宽 16 mm，键长 100 mm 的 A 型普通平键。

键 B18×100 GB/T 1096—2003　　表示键宽 18 mm，键长 100 mm 的 B 型普通平键。

键 C20×100 GB/T 1096—2003　　表示键宽 20 mm，键长 100 mm 的 C 型普通平键。

> **提示：**
> 在普通平键标准中，键宽与键高有明确的对应关系，因此，在标记中只要标出键宽，键高即可确定。在普通平键标记中 A 型（圆头）键的键型可省略不标，而 B 型（方头）键和 C 型（单圆头）键的键型必须标出。

5.2.2 销连接

销连接主要用于定位，即固定零件间的相对位置，也是组合加工和装配时的辅助零件（图 5-1（a））；也用于轴与毂的连接或其他零件的连接（图 5-1（b））；还可以作为安全装置中的过载剪断零件（图 5-1（c））。

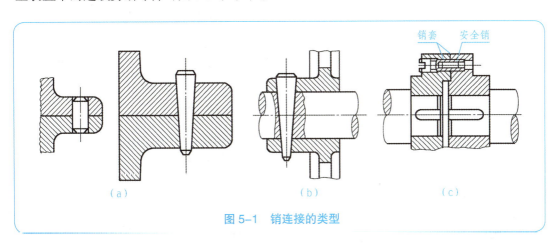

图 5-1　销连接的类型

销的形式很多，基本类型有圆柱销、圆锥销与开口销三类，它们各有不同的性能特点和应用，见表 5-4。

表 5-4 常用销的类型、特点及应用

类型		图形	特点及应用
圆柱销	圆柱销	销连接—普通圆柱销	多次装拆后会降低定位精度和连接的紧固性，只能传递不大的载荷。内螺纹圆柱销多用于不通孔，螺纹供拆卸用。弹性圆柱销用于冲击、振动的场合
	内螺纹圆柱销	销连接—内螺纹圆柱销	
	弹性圆柱销	销连接—弹性圆柱销	
圆锥销	圆锥销	销连接—普通圆锥销	有 1∶50 的锥度，便于安装。定位精度比圆柱销高。在连接件受横向力时能自锁。螺纹供拆卸用
	内螺纹圆锥销	销连接—内螺纹圆锥销	
	螺尾锥销	销连接—螺尾锥销	
开口销		开口销	工作可靠，拆卸方便，用于锁定其他紧固件

提示：

销是标准件，选用与设计时一般需要查阅有关手册。

练一练：

1. 键是_____，通常用于连接轴与轴上的_____零件或_____零件，起周向固定的作用，用以传递_____。
2. 如图 5-2 所示的轴槽形式，应选用_____型普通平键连接。

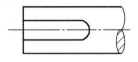

图 5-2 轴槽

3. 某滑移齿轮与轴连接，要求轴向移动量不大时，宜采用_____连接。
4. 主要用于直径大于 100 mm，对中性要求不高且载荷较大的重型机械的是_____。
5. 多次装拆后会降低定位精度和连接紧固性，只能传递不大载荷的是_____。

5.3 联轴器与离合器

学习导入

在生产、生活中，有许多机械设备需要利用联轴器、离合器才能保证正常的工作，如卷扬机、汽车、运输机械、重型机械等。

联轴器和离合器是连接两传动轴，使之一起回转并传递转矩的常用部件，其具有工作可靠、结构简单紧凑、调整容易、拆装方便等特点。

学习目标

1. 了解联轴器与离合器的功用；
2. 熟悉联轴器的类型、特点及应用；
3. 熟悉离合器的类型、特点及应用。
4. 通过本节内容学习，培养学生沟通交流的能力。

5.3.1 联轴器的类型、特点及应用

联轴器是机械传动中常用的部件，它用来连接两传动轴，使其一起转动并传递转矩，有时也可作为安全装置。如卷扬机传动系统中，联轴器将电动机轴与减速器连接起来并传递扭矩及运动。

联轴器的类型较多，部分已经标准化。按其结构特点不同，一般可分为刚性联轴器和挠性联轴器两大类。常用联轴器的类型、特点及应用见表 5-5。

表 5-5 常用联轴器的类型、特点及应用

类型		图例	特点及应用
刚性联轴器			刚性联轴器不具有补偿两轴线相对位移的能力，也没有缓冲减振能力，但结构简单，价格便宜。常用的凸缘联轴器适用于被连接的两轴严格对中、转速稳定、载荷平稳的场合
挠性联轴器	滑块联轴器	十字滑块联轴器	以滑块构成动连接来实现补偿两轴相对位移的要求。常用的十字滑块联轴器具有结构简单、径向尺寸小的特点，但工作面易磨损，一般适用于两轴平行、径向位移较大、工作时冲击较小和转速不高的场合
	齿式联轴器	齿式联轴器	齿式联轴器是利用内、外齿的相互啮合实现两根轴之间的连接。具有结构紧凑、能传递较大的转矩、补偿偏移能力强等特点，但制造和安装精度要求较高，成本高，适用于高速、重载的场合
	万向联轴器	十字轴万向联轴器	万向联轴器的十字形中间连接件分别与叉形半联轴器之间形成动连接。具有径向尺寸小、维修方便、能够补偿较大的角偏移的特点，适用于夹角较大的两根轴之间的连接，在汽车、拖拉机行业中应用广泛

5.3 联轴器与离合器

（续表）

类型		图例	特点及应用
挠性联轴器	弹性套柱销联轴器	弹性套柱销联轴器	它与凸缘联轴器相似，只是用弹性套的柱销代替了连接螺纹，利用弹性套的弹性变形来补偿两轴的相对位移。这种联轴器重量轻、结构简单，但弹性套易磨损、寿命较短，用于冲击载荷小、启动频繁的中小功率传动中
	弹性柱销联轴器	弹性柱销联轴器	与弹性套柱销联轴器相似，只是采用了非金属材料制成柱销。优点是能够传递较大的转矩、结构更简单、成本低廉，具有一定的补偿两轴线偏移的能力以及吸振和缓冲能力；缺点是由于柱销材料的缘故，使得工作温度受到限制。一般用于启动、换向频繁的高速轴之间的连接

议一议：
在日常生产与生活中，你还见到过哪些地方用联轴器？它们分别属于哪种类型？

5.3.2 离合器的类型、特点及应用

与联轴器相同，离合器主要用来连接两轴，使其一起转动并传递转矩。但离合器连接的两轴，机器运转过程中可以随时进行接合或分离，这方面比联轴器方便。另外，离合器也可用于过载保护等，通常用于机械传动系统的启动、停止、换向及变速等操作，其具有工作可靠、接合平稳、分离迅速而彻底、动作准确、调节和维修方便、操作方便省力、结构简单等特点。

常用离合器的种类、特点及应用见表 5-6。

表 5-6　常用离合器的种类、特点及应用

类型	图例	特点及应用
牙嵌离合器	（图：半离合器、导向键、滑杯、对中环）	由于同时参与嵌合的牙数多，故承载能力强，适用范围广，外形尺寸小，传递转矩大，接合后主、从动轴无相对滑动，传动比不变。但接合时有冲击，适用于静止接合，或转速差较小时接合，主要用于低速机械的传动轴系 （牙嵌离合器示意）
摩擦离合器	（图：单盘式摩擦离合器——滑环、主动盘、从动盘；多盘式摩擦离合器——左半离合器、外摩擦片组、内摩擦片组、右半离合器、压板、滑环）	单盘式摩擦离合器结构简单，但传递的转矩较小。为了提高传递转矩的能力，在实际生产中，常采用多盘式摩擦离合器 （单片摩擦离合器、多片摩擦离合器示意）
安全离合器 破断式	（图：销钉、钢套）	过载时，销钉被剪断。必须更换安全元件后才能重新使用，但较耗费时间。此类安全离合器不宜用在经常发生过载的场合
安全离合器 牙嵌式	（图：α角示意）	当轴向载荷大于弹簧力与摩擦力的总和时，离合器自动断开；当载荷降低到正常情况时，在弹簧力的作用下离合器又恢复连接。不宜用于转速太高的场合

5.3 联轴器与离合器

（续表）

类型		图例	特点及应用
安全离合器	摩擦式	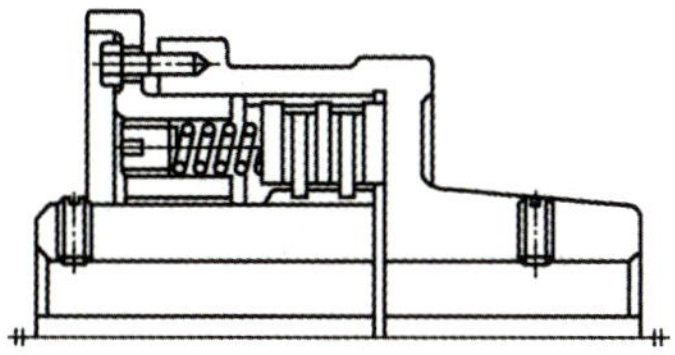	轴向压力由弹簧提供，用螺钉调节压紧力至适当值，离合器借助摩擦力而接合，过载时摩擦盘打滑，从而起到过载保护作用
超越离合器		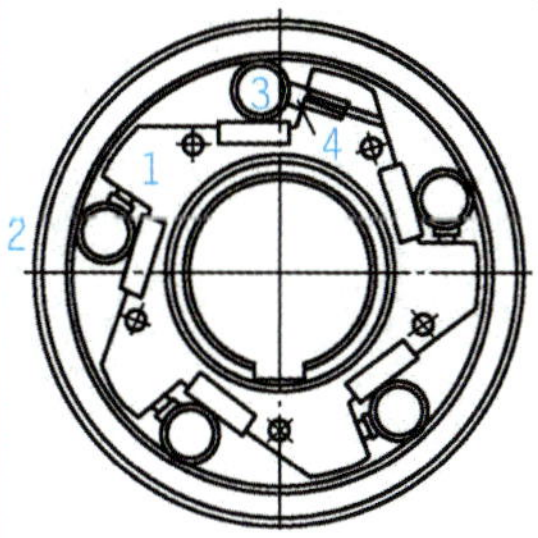 离合器—超越离合器	当外环逆时针回转时，离合器处于接合状态；顺时针回转时，处于分离状态。当星轮与外环均作同向回转时，若外环转速小于星轮转速，则处于接合状态；反之，处于分离状态。广泛用于金属切削机床、汽车、摩托车和各种起重设备的传动装置中

议一议：
在日常生产与生活中，你还见到过哪些地方用离合器？它们分别属于哪种类型？

练一练：

1. _____ 连接的两轴，机器运转过程中可以随时进行接合或分离，通常用于机械传动系统的启动、停止、换向及变速等操作。
2. _____ 具有径向尺寸小、维修方便、能够补偿较大的角偏移的特点，适用于夹角较大的两根轴之间的连接。
3. 自行车飞轮的内部结构属于 _____ ，因而可蹬车，可滑行，甚至还可回链。
4. 联轴器与离合器的主要功用是什么？两者的根本区别是什么？

107

实训项目　平键连接的装拆

> **学习目标**
>
> 1. 理解平键的功用；
> 2. 掌握平键装拆的工艺和注意事项；
> 3. 通过本实训项目学习，培养学生精益求精、一丝不苟的精细精神。

图 5-3 所示为齿轮与轴的键连接装配图，齿轮左端用轴肩，右端用挡圈和螺母固定其轴向位置；齿轮与轴的连接采用了键连接，以固定其周向位置。

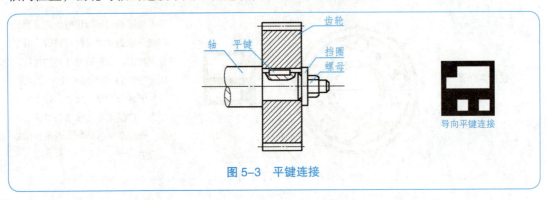

图 5-3　平键连接

平键连接的装拆步骤如下：

（1）用游标卡尺、内径百分表，检查轴和配合件的尺寸，如图 5-4 所示。若配合尺寸不合格，应经过磨、刮、铰削加工修复至合格。

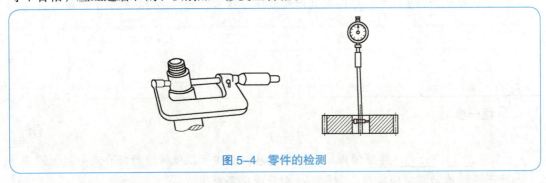

图 5-4　零件的检测

（2）按照平键的尺寸，用锉刀修整轴槽和轮毂槽的尺寸。平键与轴槽的配合要求稍紧，键长方向上键与轴槽留有 0.1 mm 左右间隙；平键与轮毂槽的配合，以用手稍用力能将平键推进为宜，如图 5-5 所示。去除键槽上的锐边，以防装配时造成过大的过盈。

（3）装配时，先不装入平键，将轴与轴上配件试装，以检查轴和孔的配合状况，避免装配时轴与孔配合过紧。

（4）在平键和轴槽配合面上加注机油，将平键安装于轴的键槽中，用放有软钳口的台虎钳夹紧或用铜棒敲击，把平键压入轴槽内，并与槽底紧贴，如图 5-6 所示。测量平键装入的高度，测量孔与槽的最大极限尺寸，装入平键后的高度尺寸应小于孔内键槽尺寸，公差允许在 0.3～0.5 mm 范围内，如图 5-7 所示。

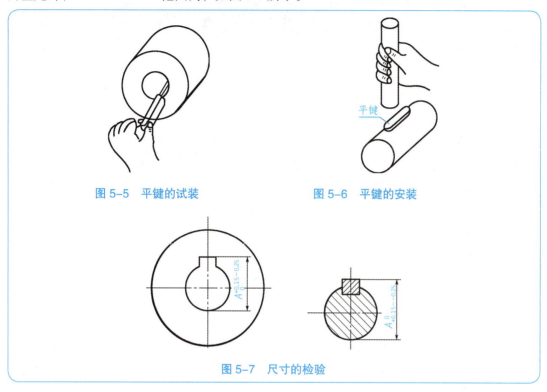

图 5-5　平键的试装　　　图 5-6　平键的安装

图 5-7　尺寸的检验

（5）将装配完平键的轴，夹在装有软钳口的台虎钳上，并在轴和孔表面加注润滑油，如图 5-8 所示。

（6）把齿轮上的键槽对准平键，目测齿轮端面与轴的轴心线垂直后，用铜棒、手锤敲击齿轮，慢慢将其装入到位（应在 A、B 两点处轮换敲击），如图 5-9 所示。

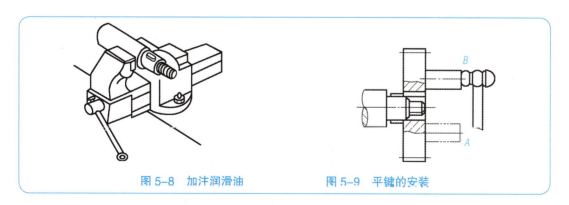

图 5-8　加注润滑油　　　图 5-9　平键的安装

（7）装上垫圈，旋上螺母。

（8）拆卸时，用扳手松开螺母，取下挡圈，将齿轮用拉卸工具拆下即可。

机械传动

机械传动主要是指利用机械方式传递动力和运动的传动。机械传动主要分为两大类：一是靠机件间的摩擦力传递运动与动力的摩擦传动，包括带传动、绳传动和摩擦轮传动等；二是靠主动件与从动件啮合或借助中间件啮合传递运动或动力的啮合传动，包括齿轮传动、链传动、螺旋传动和谐波传动等。机械传动在机械工程中应用非常广泛。

6.1 带传动

学习导入

带传动是机械传动中重要的传动形式之一，随着工业技术的不断发展，带传动形式越来越多。在汽车工业、家用电器、办公机械以及各种机械装备中都得到了广泛的应用。

学习目标

1. 了解带传动的组成；
2. 熟悉带传动的类型及应用；
3. 掌握V带传动的主要参数；
4. 能对V带进行安装与调整。

6.1.1 带传动的组成与类型

1. 带传动的组成

带传动一般由固连于主动轴上的带轮（主动轮）、固连于从动轴上的带轮（从动轮）和紧套在两轮上的挠性带组成，是通过带和带轮之间的摩擦力（摩擦型带传动）或啮合力（啮合型带传动）传递运动和动力的传动装置，如图6-1所示。

6.1 带传动

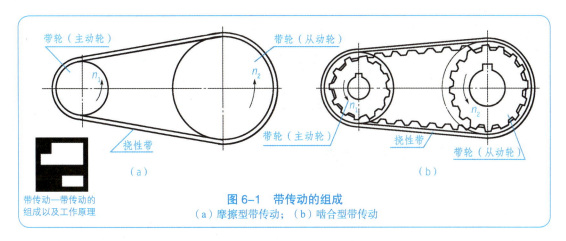

图 6-1 带传动的组成
（a）摩擦型带传动；（b）啮合型带传动

带传动—带传动的组成以及工作原理

2. 带传动的类型

根据工作原理不同，带传动分为摩擦型带传动（图 6-1（a））和啮合型带传动（图 6-1（b））两大类，具体带传动的类型及应用见表 6-1。

表 6-1 带传动的类型及应用

类型		简图	应用	说明
摩擦型带传动	圆带			横截面为圆形，只适用于小功率传动 带传动—圆带传动
	平带			带的截面形状为矩形，内表面为工作面 带传动—平带传动
	V带			带的截面形状为梯形，两侧面为工作面 带传动—V带传动
啮合型带传动	齿型带			依靠带内周的横向齿与带轮相应齿槽间啮合传递运动

111

说一说：
日常生活中你曾经见到过哪些带传动？它们分别是什么类型的带？

6.1.2　V带的结构与类型

1.V带的结构

V带是横截面为等腰梯形的传动带，工作面与轮槽的两侧面接触，带与轮槽底面不接触。常用的V带有帘布芯结构和绳芯结构两种，如图6-2所示。

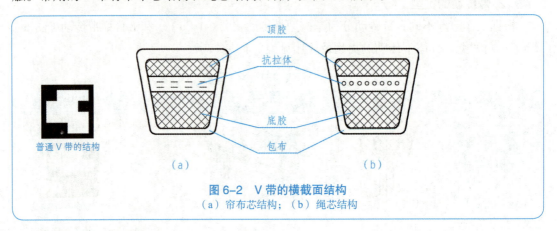

图6-2　V带的横截面结构
（a）帘布芯结构；（b）绳芯结构

2.V带的类型

常用的V带有普通V带、窄V带、宽V带等，它们的楔角（V带两侧边的夹角α）均为40°。

普通V带已经标准化，按横截面尺寸由小到大分为Y、Z、A、B、C、D、E七种型号，如图6-3所示。在相同条件下，横截面尺寸越大，传递的功率越大。

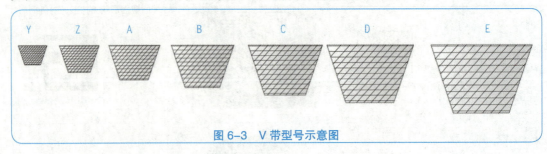

图6-3　V带型号示意图

3.V带的标记

V带的标记由带型、基准长度和标准编号三部分组成，如 A1400 GB/T 13575.1—2008 表示A型带、基准长度1 400 mm、标准编号为GB/T 13575.1—2008。

6.1 带传动

查一查：

标记为 B2800 GB/T 13575.1—2008 的 V 带表示什么意思？

6.1.3 V 带带轮的结构与材料

1. V 带带轮的结构

V 带带轮的常用结构有实心式、腹板式、孔板式和轮辐式 4 种，如图 6-4 所示。

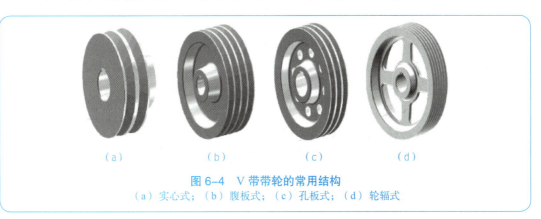

图 6-4　V 带带轮的常用结构
(a) 实心式；(b) 腹板式；(c) 孔板式；(d) 轮辐式

看一看：

经常使用的 CA6140 型车床带传动机构用的是什么带轮？

2. V 带带轮的材料

V 带带轮常用的材料有铸铁、铸钢、铝合金、工程塑料等，其中灰铸铁应用最广。V 带带轮材料主要根据带速进行选择，见表 6-2。

表 6-2　V 带带轮材料的选用

带轮材料	选用范围
HT150 或 HT200	$V \leqslant 30$ m/s
铸钢	$V > 30$ m/s
铝合金和塑料	小功率的带传动

议一议：

通过上网查找，同学之间进行讨论，工程塑料制造的带轮常用在什么场合？

6.1.4 V带传动的参数

1. 传动比 i

机构中瞬时输入速度与输出速度的比值就是机构的传动比。对于带传动的传动比就是主动轮转速 n_1 与从动轮转速 n_2 之比，也是从动轮直径与主动轮直径之比，通常用 i_{12} 表示：

$$i_{12}=\frac{n_1}{n_2}=\frac{d_2}{d_1} \qquad (6-1)$$

式中：n_1 为主动轮转速（r/min）；n_1 为从动轮转速（r/min）；d_1 为主动轮直径（mm）；d_2 为从动轮直径（mm）。

2. 带轮的基准直径

V带带轮的基准直径 d_d 是指带轮上与所配用 V 带的节宽 b_p 相对应处的直径，如图 6-5 所示。

带轮基准直径是带传动的主要设计计算参数之一，d_d 的数值已经标准化，应按国家标准选用标准系列值。普通 V 带带轮的基准直径 d_d 标准系列值见表 6-3。

图 6-5　V 带带轮的基准直径 d_d

表 6-3　普通 V 带带轮的基准直径 d_d 标准系列值

槽型	Y	Z	A	B	C	D	E
d_{min}	20	50	75	125	200	355	500
d_d 的范围	20～125	50～630	75～800	125～1 125	200～2 000	355～2000	500～2500
d_d 的标准系列值	50、56、71、75、100、125、140、150、160、180、200、212、224、236、250、280、300、315、400、500、530、630、710、800、1 000、1 060、1 250、1 400、1 600、1 800、2 000、2 240、2 500						

3. 中心距

中心距是两带轮中心之间的距离，如图 6-6 所示。两带轮的中心距一般在 0.7～2 倍的（d_1+d_2）范围内。

想一想：
两带轮之间的中心距为什么不能太大也不能太小？

4. V 带的根数

V 带的根数影响到带的传动能力。根数多，传递功率就大，所以 V 带传动中所需带的根数应按具体传递功率大小而定。但为了使各根带受力均匀，通常带的根数 z 应小于 7。

6.1 带传动

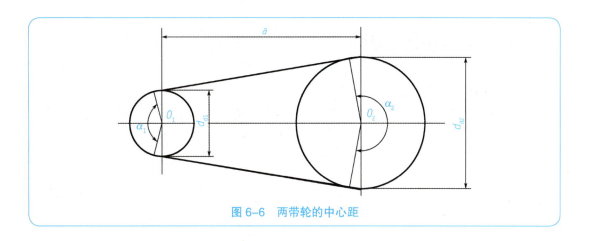

图 6-6 两带轮的中心距

查一查：
到网络或参考资料上进行查找，V 带传动还有哪些参数？

6.1.5 V 带的安装与维护

1. V 带的安装要求

| 选用普通 V 带时，要保证 V 带型号与基准长度的正确性。 | → | V 带在轮槽中应有正确的位置，如图 6-7 所示。 | → | V 带的张紧程度要适当。 | → | 对 V 带传动要定期检查并及时调整。 | → | V 带传动必须安装防护罩，以保证安全和 V 带的清洁。 |

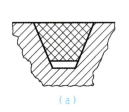　　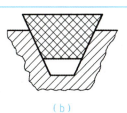　　

（a）　　　　　　　　（b）　　　　　　　（c）

图 6-7　V 带在轮槽中的位置
（a）正确；（b）错误；（c）错误

提示：
不同带型、不同新旧的 V 带不能同组使用。

115

2.V 带的张紧

带在传动中长期受拉力作用，必然要产生塑性变形而出现松弛现象，使其传动能力下降，因此，需要定期进行张紧，以恢复和保持必需的张紧力，保证带传动具有足够的传动能力。V 带传动常用的张紧方法有：

（1）通过改变中心距调整。当带处于竖直位置时，通过旋转装置中的调整螺母，使电动机连同带轮一起绕摆动轴转动，使张紧力增加或减小，如图 6-8（a）所示。

当带处于水平位置时，通过旋转调整螺钉，使电动机连同带轮一起作水平移动，使张紧力增大或减小，如图 6-8（b）所示。

（2）利用张紧轮调整。通过改变重锤 G 到转轴 O 的距离来调整张紧力的大小，如图 6-8（c）所示。

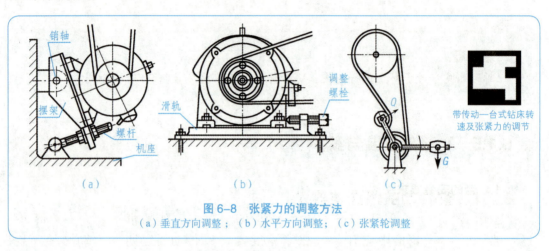

图 6-8　张紧力的调整方法
（a）垂直方向调整；（b）水平方向调整；（c）张紧轮调整

练一练

1. 根据传动原理不同，带传动的类型分为_____带传动和_____带传动两大类型。
2. V 带传动常用的张紧方法有_____和_____。
3. V 带在轮槽中，底面与槽底间应_____。
4. 两带轮的中心距一般在_____倍的（d_1+d_2）范围内。
5. 普通 V 带分为哪几种型号？各型号按截面积大小如何排列？
6. 如何检查 V 带的松紧程度？

6.2 链传动

> **学习导入**
>
> 除了我们日常生活中常见到的自行车、摩托车是链传动外，链传动还广泛应用于轻工、石油化工、矿山、农业、运输起重、机床等机械传动中。

> **学习目标**
>
> 1. 了解链传动的组成与类型；
> 2. 熟悉传动链的种类与结构；
> 3. 掌握传动链的主要参数；
> 4. 能对链条进行张紧与润滑。

6.2.1 链传动的组成与类型

1. 链传动的组成

链传动是由链条和具有特殊齿形的链轮组成的传递运动和（或）动力的传动。它是一种具有中间挠性件（链条）的啮合传动。如图 6-9 所示，当主动链轮 1 回转时，依靠链条 2 与两链轮之间的啮合力，使从动链轮 3 回转，进而实现运动和动力的传递。

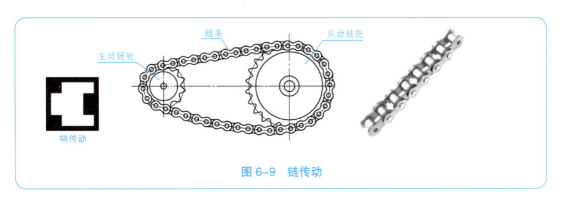

图 6-9 链传动

2. 链传动的类型

链传动的类型很多，按用途不同，链传动可分为三类，具体类型及应用见表 6-4。

117

表6-4 链传动的类型及应用

类型	用途	图例
传动链	主要用来在一般机械中传递运动和动力，也可用于输送等场合	
输送链	用于输送工件、物品和材料，可直接用于各种机械上，也可以组成链式输送机作为一个单元出现	
曳引链	主要用以传递力，起牵引、悬挂物品的作用，也兼作缓慢运动	

议一议：

CA6140车床床头箱内的链传动属于哪种类型？

6.2.2 传动链的种类与结构

传动链的种类很多，最常用的是滚子链和齿形链。

1. 滚子链

（1）滚子链的结构。滚子链又称为套筒滚子链，其结构如图6-10所示。销轴与外链板、套筒与内链板分别组成外链节与内链节，销轴与套筒相配合构成外、内链节的铰链副（转动副），当链条屈伸时，内、外链节之间就能相对转动。

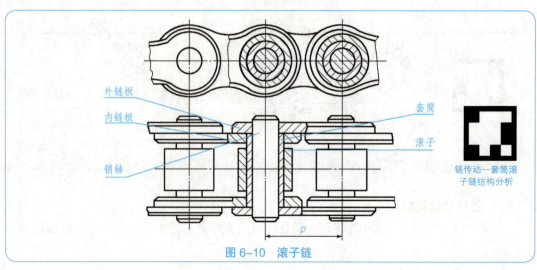

图6-10 滚子链

链传动—套筒滚子链结构分析

6.2 链传动

想一想：
滚子链各组成部分之间的配合是什么方式？

提示：
当需要承受较大载荷、传递较大功率时，可使用多排链，如图6-11所示。多排链的承载能力与排数成正比，但排数多，各排受力不均匀，一般常用双排或三排链为宜。

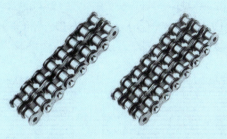

图6-11 双排链和三排链

（2）滚子链的接头形式。滚子链的长度用节数来表示。为了使链条的两端便于连接，链节数应尽量选取偶数，链接头处可用开口销或弹簧夹锁定。当链节数为奇数时，链接头需采用过渡链节，如图6-12所示。

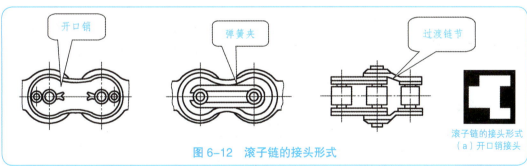

图6-12 滚子链的接头形式

滚子链的接头形式
（a）开口销接头

滚子链的接头形式
（b）弹簧卡接头

滚子链的接头形式
（c）过渡链节

查一查：
自行车、电动自行车的滚子链是哪种接头形式？

（3）滚子链的标记。滚子链的标记由链号、排数、链节数和标准编号四部分组成，如 08A-2-88 GB/T 1243—2006 表示滚子链的链号为08A（节距为12.70 mm）、双排、88个链节、标准编号为GB/T 1243—2006。

想一想：

标记为 20A-1-60 GB/T 1243—2006 的链表示什么意思？

2. 齿形链

齿形链的结构如图 6-13 所示。齿形链与滚子链相比，传动平稳，速度高，承受冲击的性能好，噪声小，但结构复杂，装拆复杂，质量大，易磨损，成本高。

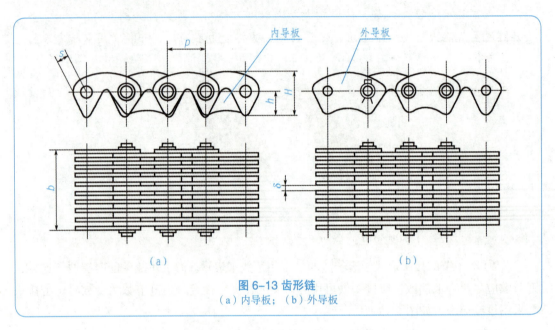

图 6-13 齿形链
（a）内导板；（b）外导板

齿形链 CL08-22.5W-60　GB 10855—2003 表示齿形链的链号为 CL08（节距为 12.70 mm）、链宽 22.5 mm、60 个链节、外导向形式、编号为 GB 10855—2003。

提示：

GB 1243.1—2006 对传动用精密滚子链的基本参数和尺寸作了具体规定，分 A、B 两个系列，A 系列有 10 个链号，B 系列有 15 个链号。

齿形链有 7 个链号、56 种规格。

6.2.3 链传动的参数

1. 传动比

如图 6-9 所示，设主动链轮的齿数为 z_1，从动链轮的齿数为 z_2；主动链轮 n_1 与从动链动 n_2 的传动比为

$$i_{12} = \frac{n_1}{n_2} = \frac{z_2}{z_1} \qquad (6\text{-}2)$$

式中：n_1 为主动轮转速（r/min）；n_2 为从动轮转速（r/min）；z_1 为主动轮齿数；z_2 为从动轮齿数。

2. 节距

链条相邻两销轴中心线之间的距离称为节距（p），如图 6-13 所示。节距是链的主要参数，链的节距越大，承载能力越强，但链传动的结构尺寸也会相应增大，传动的振动、冲击和噪声也越严重。因些，应用时尽可能选用小节距的链。

6.2.4 链传动机构的装配

1. 链传动机构的装配技术要求

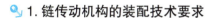

| 两链轮轴线应相互平行，否则会加剧链条和链轮的磨损，降低传动平稳性并增加噪声。 | 两链轮之间轴向偏移量必须在要求范围内。一般两轮中心距小于 500 mm 时，允许轴向偏移量为 1 mm；两轮中心距大于 500 mm 时，允许轴向偏移量为 2 mm。 | 链轮的跳动量必须符合要求，见表 6-5。 | 链条的下垂度要适当。过紧会加剧磨损；过松则容易产生振动或脱链现象。 |

表 6-5 链轮允许跳动量　　　　　　　　　　　（单位：mm）

链轮直径	套筒滚子链的链轮跳动量	
	径向	端面
100 以下	0.25	0.3
100～200	0.5	0.5
200～300	0.75	0.8
300～400	1.0	1.0
400 以上	1.2	1.5

2. 链条的张紧

链传动张紧的目的主要是为了避免在链条的垂度过大时产生啮合不良和链条的振动现象，同时也为了增加链条与链轮的啮合包角。张紧方法主要有：

（1）增大两链轮中心距，如自行车链条的张紧。

（2）采用张紧装置进行张紧，如图 6-14 所示。

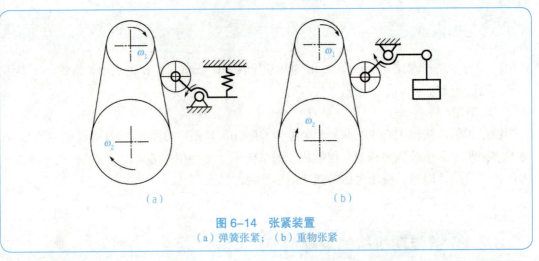

图 6-14 张紧装置
（a）弹簧张紧；（b）重物张紧

查一查：

除了教材中讲授的张紧方式外，是否还有其他张紧方法呢？

3. 链传动的润滑

链传动时应充分进行润滑，常用的润滑方式选择如图 6-15 所示。

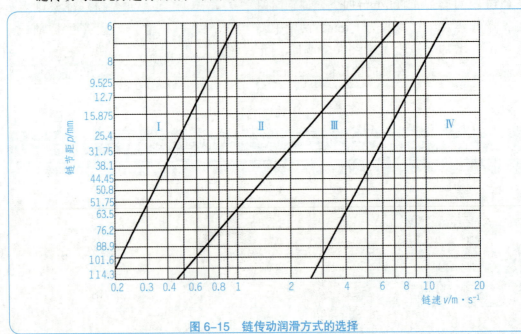

图 6-15 链传动润滑方式的选择

议一议：

日常生活与生产中，所见到的链传动采用的都是哪种润滑方式？

练一练

1. 链传动按其用途不同，链可分为_____、_____和_____三类。
2. 链传动能保证_____，且传动功率大。
3. 链传动中，当要求传动速度高和噪声小时，宜选用_____。
4. 链条在连接时，其链节数最好取_____。
5. 常用链条的张紧方法有哪些？
6. 简述链传动机构的装配技术要求。

6.3　螺旋传动

学习导入

螺旋传动是利用螺旋副来传递运动和动力的一种机械传动，可以方便地把主动件的回转运动转变为从动件的直线运动。螺旋传动在机床的进给机械、起重设备、锻压机械、测量仪器、工量夹具等工业设备中有着广泛的应用。

学习目标

1. 了解螺纹的种类及应用；
2. 熟悉普通螺纹主要参数及其代号的含义；
3. 掌握螺旋传动的应用。

6.3.1　螺纹的种类及应用

螺旋传动是利用螺杆（丝杆）和螺母组成的螺旋副来实现传动的。螺纹的类型很多，除了可以实现传动外，还能对零件进行紧固连接。

1. 按螺纹牙型分类及应用

螺纹牙型是指通过轴线断面上的螺纹轮廓形状。根据牙型不同，螺纹可分为三角形螺纹、矩形螺纹、梯形螺纹、锯齿形螺纹等，如图6-16所示。

123

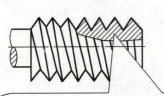
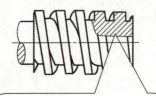

三角形螺纹（普通螺纹）：牙型为三角形，普通螺纹一般分为粗牙螺纹和细牙螺纹两种，广泛用于各种紧固连接。粗牙螺纹应用最广；细牙螺纹适用于薄壁零件等的连接和微调机构的调整

矩形螺纹：牙型为矩形，传动效率高，用于螺旋传动。但牙根强度低，精加工困难，矩形螺纹未标准化，现在已经逐渐被梯形螺纹代替

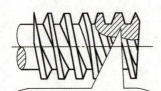
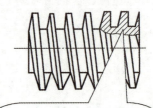

梯形螺纹：牙型为梯形，牙根强度较高，易于加工。广泛用于机床设备的螺旋传动中

锯齿形螺纹：牙型为锯齿形，牙根强度较高，用于单向螺旋传动中。多用于起重机械或压力机械

图 6-16 螺纹按牙型分类

2. 按螺旋线方向分类及应用

根据螺旋线的方向不同，螺纹分为左旋螺纹和右旋螺纹，如图 6-17 所示。

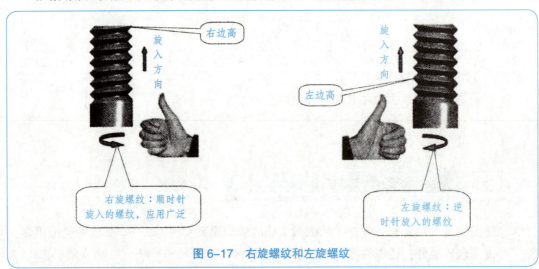

图 6-17 右旋螺纹和左旋螺纹

3. 按螺纹线的线数分类及应用

根据螺旋线的线数（头数），分为单线螺旋、双线螺纹和多线螺旋，如图 6-18 所示。

6.3 螺旋传动

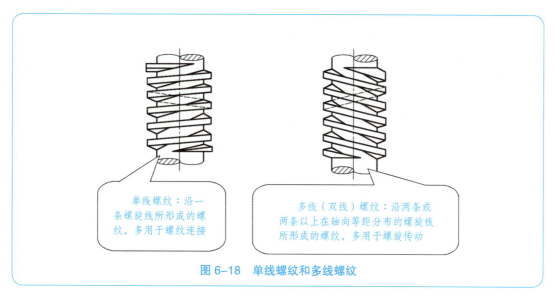

图 6-18 单线螺纹和多线螺纹

4. 按螺纹线形成的表面分类

根据螺纹形成的表面，分为内螺纹和外螺纹，如图 6-19 所示。

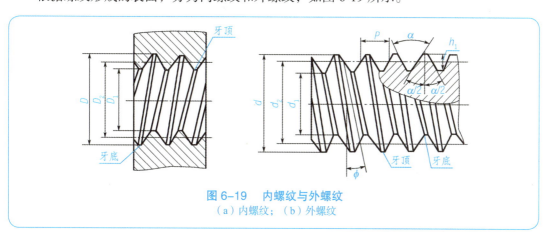

图 6-19 内螺纹与外螺纹
（a）内螺纹；（b）外螺纹

议一议：
螺纹在实际生活和生产中还有哪些用途？

6.3.2 普通螺纹的主要参数及代号

1. 普通螺纹的主要参数

普通螺纹的主要参数及定义见表 6-6。

第 6 章 机械传动

表 6-6 普通螺纹的主要参数及定义

主要参数	代号 内螺纹	代号 外螺纹	定义
螺纹大径（公称直径）	D	d	它是与外螺纹牙顶或内螺纹牙底相重合的假想圆柱面的直径。一般定为螺纹的公称直径
螺纹中径	D_2	d_2	它是指一个假想圆柱面的直径，该圆柱的母线通过牙型上沟槽和凸起宽度相等的地方
螺纹小径	D_1	d_1	它是与外螺纹牙底或内螺纹牙顶相重合的假想圆柱面的直径
螺纹升角	φ		在中径圆柱上，螺旋线的切线与垂直于螺纹轴线的平面之间的夹角
牙型角	α		在螺纹牙型上，相邻两牙侧间的夹角，普通螺纹的牙型角 $\alpha=60°$。牙型半角是牙型角的 1/2，用 $\alpha/2$ 表示
牙型高度	h_1		在螺纹牙型上，牙顶到牙底在垂直于螺纹轴线方向上的距离
螺距	P		相邻两牙在中径上对应两点间的轴向距离
导程	P_h		同一条螺旋线上的相邻两牙在中径上对应两点间的轴向距离

2. 螺纹的代号标注

常用螺纹的代号标注见表 6-7、表 6-8。

表 6-7 梯形螺纹的代号标注

螺丝类别	特征代号	螺纹标注示例	内、外螺纹配合标注示例
梯形螺纹	Tr	Tr24×10(P5)LH-7H Tr: 梯形螺纹 24: 公称直径 10: 导程 P5: 螺距 LH: 左旋 7H: 中径公差带代号	Tr24×15LH-7H/7e 7H: 内螺纹公差带代号 7e: 外螺纹公差带代号

注：1. 单线螺纹只标注螺距，多线螺纹同时标注螺距和导程。
2. 右旋螺纹不标注旋向代号，左旋螺纹则用 LH 表示。
3. 旋合长度有长旋合长度 L 和中等旋合长度 N 两种，中等旋合长度 N 不标注。旋合长度的具体数值可根据公称直径和螺距在有关标准中查到。
4. 公差带代号中，螺纹只标注中径公差带代号。内螺纹用大写字母，外螺纹用小写字母。
5. 内、外螺纹配合的公差带代号中，前者为内螺纹公差带代号，后者为外螺纹公差带代号，中间用"/"分开。

6.3 螺旋传动

表 6-8 普通螺纹的代号标注

螺丝类别		特征代号	螺纹标注示例	内、外螺纹配合标注示例
普通螺纹	粗牙	M	M12LH-7g-L M：粗牙普通螺纹 12：公称直径 LH：左旋 7g：外螺纹中径和顶径公差带代号 L：长旋合长度	M12LH-6H/7g 6H：外螺纹中径和顶径公差带代号 7g：外螺纹中径和顶径公差带代号
	细牙		M12×1-7H 8H M：细牙普通螺纹 12：公称直径 1：螺距 7H：内螺纹中径公差带代号 8H：内螺纹顶径公差带代号	M12×1LH-6H/7g 8g 6H：内螺纹中径和顶径公差带代号 7g：外螺纹中径公差带代号 8g：外螺纹顶径公差带代号

注：1. 普通螺纹同一公称直径可以有多种螺距，其中螺距最大的为粗牙螺纹，其余的为细牙螺纹，细牙螺纹的每一个公称直径对应着数个螺距，因此必须标出螺距值，而粗牙普通螺纹不标螺距值。
2. 右旋螺纹不标注旋向代号，左旋螺纹则用 LH 表示。
3. 旋合长度有长旋合长度 L，中等旋合长度 N 和短旋合长度 S 三种，中等旋合长度 N 不标注。旋合长度是指两个相互旋合的螺纹，沿轴线方向相互结合的长度，所对应的具体数值可根据公称直径和螺距在有关标准中查到。
4. 公差带代号中，前者为中径公差带代号，后者为顶径公差带代号，两者一致时，则只标注一个公差带代号，内螺纹用大写字母，外螺纹用小写字母。内、外螺纹配合的公差带代号中，前者为内螺纹公差带代号，后者为外螺纹公差带代号，中间用"/"分开。

想一想：

M12×1LH-6H、Tr20×10（P5）-7H 各表示什么意思？

6.3.3 螺旋传动的应用

螺旋传动具有结构简单，工作连续、平稳，承载能力强，传动精度高等优点，广泛应用于各种机械和仪器中。常用的螺旋传动有普通螺旋传动、差动螺旋传动和滚珠螺旋传动，最常用的是普通螺旋传动。

1. 普通螺旋传动

由螺杆和螺母组成的简单螺旋副实现的传动称为普通螺旋传动。普通螺旋传动有 4 种应用形式，见表 6-9。

例 6-1 如图 6-20 所示，普通螺旋传动中，已知左旋双线螺杆的螺距为 8 mm，若螺杆按图示方向回转两周，螺母移动了多少距离？方向如何？

解： 普通螺旋传动螺母移动距离为

$$L=NP_h=NPZ=2×8×2=32 \text{ mm}$$

螺母移动方向按表6-9所列判定方法，螺杆回转，螺母移动。左旋螺纹用左手确定方向，四指指向与螺杆回转方向相同，大拇指指向的相反方向为螺母的移动方向。因此，螺母移动的方向向右。

2. 差动螺旋传动

由两个螺旋副组成的使活动的螺母与螺杆产生差动（即不一致）的螺旋传动称为差动螺旋传动，如图6-21所示。

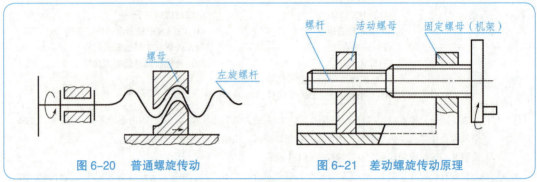

图6-20　普通螺旋传动　　　　图6-21　差动螺旋传动原理

差动螺旋传动机构可以产生极小的位移，而其螺纹的导程并不需要很小，加工较容易。所以差动螺旋传动机构常用于测微器、计算机、分度机构及诸多精密切削机床、仪器和工具中。

螺旋传动—差动螺旋传动机构

> **查一查：**
> 1. 到网络上查一查，差动螺旋传动与普通螺旋传动相比，为什么能产生极小的位移？
> 2. 到网络上查一查，滚珠螺旋传动技术在我国自行研制的数控机床中的应用，记下来与同学进行交流。

3. 滚珠螺旋传动

在普通螺旋传动中，由于螺杆与螺母牙侧表面之间的相对运动摩擦是滑动摩擦，因此，传动阻力大，摩擦损失严重，效率低。为了改善螺旋传动的功能，经常采用滚珠螺旋传动技术，用滚动摩擦来代替滑动摩擦。

螺旋传动—滚珠螺旋传动的组成及工作原理

滚珠螺旋传动主要由滚珠、螺杆、螺母及滚珠循环装置组成，如图6-22所示。滚珠螺旋传动具有滚动摩擦阻力小、摩擦损失小、传动效率高、传动运动稳定、动作灵敏等优点。但其结构复杂，外形尺寸较大，制造技术要求高，成本高。目前主要应用于精密传动

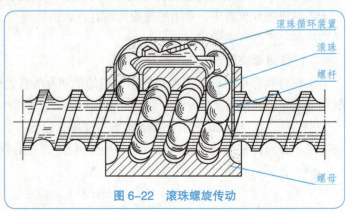

图6-22　滚珠螺旋传动

6.3 螺旋传动

的数控机床，以及自动控制装置、升降机构、精密测量仪器、车辆转向机构等对传动精度要求较高的场合。

表 6-9 普通螺旋传动的应用形式

应用形式	旋转件既转动又移动（即旋转件又是移动件）		旋转件只转动不移动	
	螺母固定不动，螺杆回转并作直线移动	螺杆固定不动，螺母回转并做直线移动	螺杆回转，螺母做直线移动	螺母回转，螺杆做直线移动
实例	螺旋千斤顶	螺旋千斤顶	车床床鞍的螺旋传动	观察镜的螺旋调整装置
图示	（图：手柄、螺母、螺杆、支架）	（图：托盘、螺母、手柄、螺杆）	（图：床鞍、丝杠、开合螺母）	（图：观察镜、螺杆、螺母、机架）
移动距离公式	普通螺旋传动中，螺杆相对于螺母每回转一圈，螺杆就移动一个等于导程 P_h 的距离。因此，移动距离 L 等于回转圈数 N 与导程 P_h 的乘积，即 $$L=NP_h$$ 式中　L——移动件的移动距离（mm）；　　　N——回转圈数（r）；　　　P_h——螺纹导程（mm）			
直线移动速度	$$v=nP_h$$ 式中　v——移动件的移动速度（mm/min）；　　　n——转速（r/min）；　　　P_h——螺纹导程（mm）			
移动方向判定方法	1. 首先判断螺纹的旋向 2. 右旋螺纹伸右手，左旋螺纹伸左手，并半握拳；四指顺着旋转件的回转方向，大拇指竖直 3. 若旋转件既转动又移动，则大拇指指向即为旋转件的移动方向		1. 首先判断螺纹的旋向 2. 右旋螺纹伸右手，左旋螺纹伸左手，并半握拳；四指顺着旋转件的回转方向，大拇指竖直 3. 若旋转件既转动不移动，则大拇指指向的反方向即为移动件的移动方向	
	1. 螺纹为右旋 2. 右手半握拳；四指顺着螺杆的回转方向，大拇指竖直 3. 大拇指指向下指，即螺杆向下移动	1. 螺纹为右旋 2. 右手半握拳；四指顺着螺杆的回转方向，大拇指竖直 3. 大拇指指向上指，即螺杆向上移动	1. 螺纹为右旋 2. 右手半握拳；四指顺着螺杆的回转方向，大拇指竖直 3. 大拇指指向右指，其反方向为移动件的移动方向，即螺母向左移动	1. 螺纹为左旋 2. 右手半握拳；四指顺着螺母的回转方向，大拇指竖直 3. 大拇指指向下指，其反方向为移动件的移动方向，即螺杆向上移动

知识拓展　螺旋传动机构的装配

1. 螺旋传动机构的装配技术要求

（1）螺旋副应有较高的配合精度和准确的配合间隙。

（2）螺旋副轴线的同轴度及丝杠轴心线与基准面的平行度，应符合规定要求。

（3）螺旋副相互转动应灵活，丝杠的回转精度应在规定范围内。

议一议：
滚珠螺旋传动在数控机床哪个部位上应用？

2. 螺旋副配合间隙的测量与调整

螺旋副的配合间隙是保证其传动精度的主要因素，分为径向间隙和轴向间隙两种。

（1）径向间隙的测量。径向间隙直接反映丝杠螺母的配合精度，其测量方法如图 6-23 所示。使百分表触头抵在螺母上，用稍大于螺母重量的力 F 压下或抬起螺母，百分表指针的摆动量即为径向间隙值。

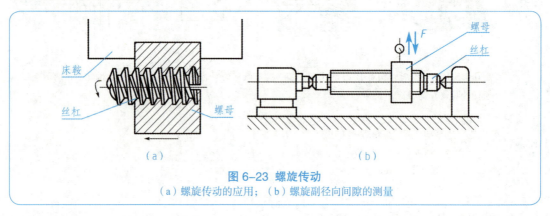

图 6-23　螺旋传动
（a）螺旋传动的应用；（b）螺旋副径向间隙的测量

（2）轴向间隙的消除与调整。丝杠螺母的轴向间隙直接影响其传动的准确性，进给丝杠一般应有轴向消除间隙的消隙机构。

①单螺母消隙机构。螺旋副传动机构只有一个螺母时，常采用如图 6-24 所示的消隙机构，使螺旋副终始保持单向接触。

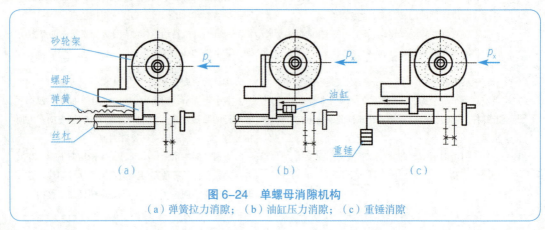

图 6-24　单螺母消隙机构
（a）弹簧拉力消隙；（b）油缸压力消隙；（c）重锤消隙

> **提示：**
> 消隙机构的消隙力方向应和切削力 P_x 方向一致，以防止进给时产生爬行，影响进给精度。

②双螺母消隙机构。双向运动的螺旋副应用两个螺母来消除双向轴向间隙，其结构如图 6-25 所示。

图 6-25（a）是楔块消隙机构。调整时，松开螺钉 2，再拧动螺钉 1 使楔块向上移动，以推动带斜面的螺母右移，从而消除右侧轴向间隙，调整好后用螺钉 2 锁紧。消除左侧轴向间隙时，则松开左侧螺钉，并通过楔块使螺母左移。

图 6-25（b）是弹簧消隙机构。调整时，转动调整螺母。通过垫圈及压缩弹簧，使螺母 2 轴向移动，以消除轴向间隙。

图 6-25（c）是利用垫片厚度来消除轴向间隙的机构。丝杠螺母磨损后，通过修磨垫片来消除轴向间隙。

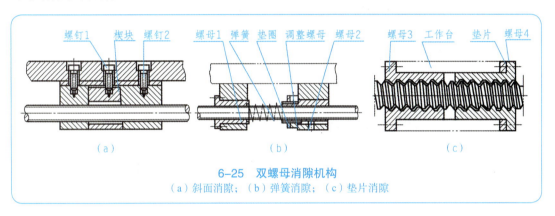

6-25　双螺母消隙机构
（a）斜面消隙；（b）弹簧消隙；（c）垫片消隙

练一练

1. 导程 P_h、螺距 P 和线数 Z 的关系为_____。
2. 螺旋传动具有_____，工作连续、平稳，_____，_____等优点，广泛应用于各种机械和仪器中。
3. 梯形螺纹广泛用于_____。
4. 普通螺纹的公称直径是指螺纹的_____。

6.4 齿轮传动

> **学习导入**
>
> 齿轮传动是近代机器中传递运动和动力的最主要形式之一。在金属切削机床、工程机械、冶金机械,以及人们常见的汽车、机械式钟表中都有齿轮传动。齿轮已成为许多机械设备中不可缺少的传动部件,齿轮传动也是机器中所占比重最大的传动形式。

> **学习目标**
>
> 1. 了解齿轮传动的类型及应用;
> 2. 熟悉渐开线标准直齿圆柱齿轮的基本参数;
> 3. 掌握齿轮副的正确啮合条件和连续传动条件。
> 4. 通过本节内容学习,培养学生正确处理个人与集体利益关系的能力。

6.4.1 齿轮传动的类型及应用

齿轮传动是利用齿轮副来传递运动和动力的一种机械传动。齿轮传动的类型及应用见表 6-10。

表 6-10 齿轮传动的类型及应用

分类方法		类型	图例	应用	
两轴平行	按轮齿方向	直齿圆柱齿轮传动		适用于圆周速度较低的传动,尤其适用于变速箱的换挡齿轮	 外啮合直齿圆柱齿轮传动
		斜齿圆柱齿轮传动		适用于圆周速度较高、载荷较大且要求结构紧凑的场合	外啮合斜齿圆柱齿轮传动
		人字齿圆柱齿轮传动		适用于载荷大且要求传动平稳的场合	外啮合人字齿圆柱齿轮传动

6.4 齿轮传动

（续表）

分类方法		类型	图例	应用
两轴平行	按啮合情况	外啮合齿轮传动		适用于圆周速度较低的传动，尤其适用于变速箱的换挡齿轮
		内啮合齿轮传动		适用于结构紧凑且效率要求较高的场合
		齿轮齿条传动		适用于连续转动转变为往复移动的场合
两轴不平行	相交轴齿轮传动	锥齿轮传动		直齿锥齿轮传动适用于圆周速度较低、载荷小而稳定的场合
				曲齿锥齿轮传动适用于载荷能力大、传动平稳、噪声小的场合
	交错轴齿轮传动	交错轴斜齿轮传动		适用于圆周速度较低、载荷较小的场合
		蜗轮蜗杆传动		适用于传动比较大，且要求结构紧凑的场合

除了表 6-10 所列的齿轮，你还见过其他类型的齿轮传动吗？

6.4.2 渐开线齿廓

1. 渐开线的形成与性质

如图 6-26 所示，动直线 AB 沿着一固定的圆作纯滚动时，此动直线上任一点 K 的运动轨迹 CK 称为该圆的渐开线，该圆称为渐开线的基圆，其半径以 r_b 表示，直线 AB 称为渐开线的发生线。

以同一个基圆上产生的两条反向渐开线为齿廓的齿轮称为渐开线齿轮，如图 6-27 所示。渐开线齿轮具有以下几个性质：

（1）发生线在基圆上滚过的线段长度 NK 等于基圆上被滚过的一段弧长 NC。

（2）渐开线上任意一点的法线必切于基圆。

133

（3）渐开线的形状取决于基圆的大小。
（4）渐开线上各点的曲率半径不相等。
（5）渐开线上各点的齿形角（压力角）不相等，如图 6-28 所示。
（6）渐开线的起始点在基圆上，基圆内无渐开线。

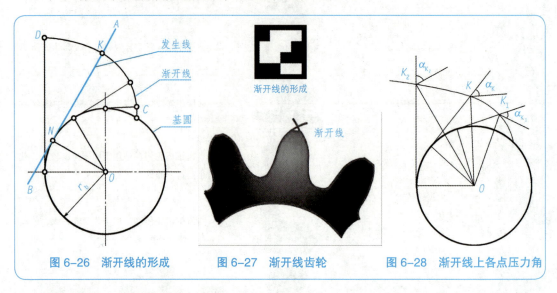

图 6-26 渐开线的形成　　图 6-27 渐开线齿轮　　图 6-28 渐开线上各点压力角

2. 渐开线齿廓的啮合特性

如图 6-29 所示为一对啮合的渐开线齿轮。设某一瞬时两轮齿在 K 点啮合，则 K 点称为啮合点。啮合点 K 的轨迹称为啮合线。啮合线与两齿轮回转中心的连线 O_1O_2 相交的 C 点称为节点。过节点 C 作两节圆的公切线 t-t（即 C 点处的运动方向）与啮合线 N_1N_2 所夹的锐角 $α'$ 称为啮合角。

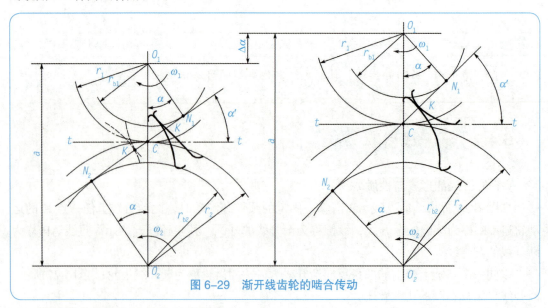

图 6-29 渐开线齿轮的啮合传动

渐开线齿廓啮合时具有以下特性：

6.4 齿轮传动

（1）能保持瞬时传动比的恒定。瞬时传动比是指主动轮角速度 ω_1 与从动轮角速度 ω_2 之比，也等于主动齿轮和从动齿轮基圆半径的反比。

（2）具有传动的可分离性。因一对渐开线齿轮半径是不会改变的，所以即使两轮的中心距稍有改变，其瞬时传动比仍能保持不变。这种渐开线齿轮具有的可分离性，保证了其良好的传动性能。

查一查：

1. 除了渐开线齿廓以外，齿轮还有哪些形状的齿廓？

2. 到网络或图书馆查一查，晋代长安发明家杜预所创造的水转连磨利用的是什么原理，记下来与同学进行探讨。

6.4.3 渐开线标准直齿圆柱齿轮的基本参数

1. 渐开线直齿圆柱齿轮各部分名称

如图 6-30 所示为渐开线直齿圆柱齿轮的一部分，其主要几何要素见表 6-11。

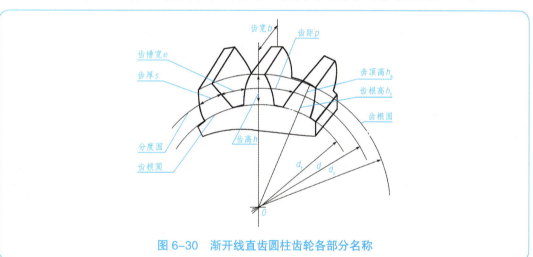

图 6-30　渐开线直齿圆柱齿轮各部分名称

表 6-11　标准直齿圆柱齿轮各部分名称

名称	定 义	代号及说明
齿顶圆	通过轮齿顶部的圆周	齿顶圆直径以 d_a 表示
齿根圆	通过轮齿根部的圆周	齿根圆直径以 d_f 表示
分度圆	齿轮上具有标准模数和标准齿形角的圆	分度圆上的尺寸和符号不加脚注，分度圆直径以 d 表示
齿厚	在端平面（垂直于齿轮轴线的平面）上，一个齿的两侧端面齿廓之间的分度圆弧长	齿厚以 s 表示
齿槽宽	在端平面上，一个齿槽的两侧端面齿廓之间的分度圆弧长	齿槽宽以 e 表示

(续表)

名称	定义	代号及说明
齿距	两个相邻且同侧端面齿廓之间的分度圆弧长	齿距以 p 表示
齿宽	齿轮的有齿部位沿分度圆柱面直母线方向量度的宽度	齿宽以 b 表示
齿顶高	齿顶圆与分度圆之间的径向距离	齿顶高以 h_a 表示
齿根高	齿根圆与分度圆之间的径向距离	齿根高以 h_f 表示
齿高	齿顶圆与齿根圆之间的径向距离	齿高以 h 表示

2. 渐开线标准直齿圆柱齿轮的基本参数

渐开线标准直齿圆柱齿轮的基本参数见表 6-12。

表 6-12 渐开线标准直齿圆柱齿轮的基本参数及计算公式

名称	代号	定义	计算公式
模数	m	齿距除以圆周率 π 所得到的商	$m=p/\pi=d/z$,取标准值
齿形角	α	基本齿条的法向压力角	$\alpha=20°$
齿数	z	齿轮的轮齿的总数	由传动比计算确定
分度圆直径	d	分度圆柱面和分度圆的直径	$d=mz$
齿顶圆直径	d_a	齿顶圆柱面和齿顶圆的直径	$d_a=d+2h_a=m(z+2)$
齿根圆直径	d_f	齿根圆柱面和齿根圆的直径	$d_f=d-2h_f=m(z-2.5)$
基圆直径	d_b	基圆柱面和基圆的直径	$d_b=d\cos\alpha=mz\cos\alpha$
齿距	p	两个相邻而同侧的端面齿廓之间的分度圆弧长	$p=\pi m$
齿厚	s	一个齿的两侧端面齿廓之间的分度圆弧长	$s=p/2=\pi m/2$
槽宽	e	一个齿槽的两侧端面齿廓之间的分度圆弧长	$e=p/2=\pi m/2=s$
齿顶高	h_a	齿顶圆与分度圆之间的径向距离	$h_a=h_a^* m=m$
齿根高	h_f	齿根圆与分度圆之间的径向距离	$h_f=(h_a^*+c^*)m=1.25m$
齿高	h	齿顶圆与齿根圆之间的径向距离	$h=h_a+h_f=2.25m$
齿宽	b	齿轮的有齿部位沿分度圆柱面直母线方向量度的宽度	$b=(6\sim10)m$
中心距	a	齿轮副的两轴线之间的最短距离	$a=d_1/2+d_2/2=m(z_1+z_2)/2$

例 6-2 一对相啮合的标准直齿圆柱齿轮,齿数 $z_1=20$,$z_2=32$,模数 m=10 mm。试计算其分度圆直径 d、齿顶圆直径 d_a、齿根圆直径 d_f、齿厚 s、基圆 d_b 和中心距 a。

解:计算结果如下:

名称	代号	应用公式	小齿轮(mm)	大齿轮(mm)
分度圆直径	d	$d=mz$	$d_1=10\times20=200$	$d_2=10\times32=320$
齿顶圆直径	d_a	$d_a=m(z+2)$	$d_{a1}=10\times(20+2)=220$	$d_{a2}=10\times(32+2)=340$
齿根圆直径	d_f	$d_f=m(z-2.5)$	$d_{f1}=10\times(20-2.5)=175$	$d_{f2}=10\times(32-2.5)=295$
齿厚	s	$s=\pi m/2$	$s_1=3.14\times10/2=15.7$	$s_2=3.14\times10/2=15.7$
基圆直径	d_b	$d_b=d\cos\alpha$	$d_{b1}=200\times\cos20°=188$	$d_{b2}=320\times\cos20°=301$
中心距	a	$a=m(z_1+z_2)/2$	$a=10\times(20+32)/2=260$	

> **算一算：**
> 一对相啮合的标准直齿圆柱齿轮，齿数 $z_1 = 24$，$z_2 = 40$，模数 $m=5$ mm。试计算其分度圆直径 d、齿顶圆直径 d_a、齿厚 s 和中心距 a。

6.4.4 齿轮副的正确啮合条件和连续传动条件

1. 正确啮合条件

为保证渐开线齿轮传动中各对轮齿能依次正确啮合，避免因齿廓局部重叠或侧隙过大而引起的卡死或冲击现象，必须使两齿轮的基圆齿距相等，即 $P_{b1}=P_{b2}$（图 6-31）。

由于
$$P_b = \pi m \cos\alpha$$

所以
$$\pi m_1 \cos\alpha_1 = \pi m_2 \cos\alpha_2$$

两渐开线标准直齿圆柱直轮的正确啮合条件如下：
（1）两齿轮的模数必须相等，即 $m_1 = m_2$。
（2）两齿轮分度圆上的齿形角相等，即 $\alpha_1 = \alpha_2 = \alpha$。

2. 连续传动条件

一对齿轮副的连续传动条件如图 6-32 所示，为保证齿轮传动的连续性，必须在前一对轮齿尚未结束啮合时，后继的一对轮齿已进入啮合状态。

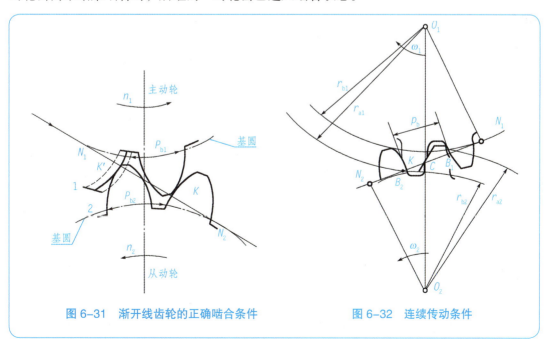

图 6-31 渐开线齿轮的正确啮合条件　　　图 6-32 连续传动条件

6.4.5 渐开线齿轮的失效形式

齿轮在传动过程中，经常会出现齿面点蚀、磨损、胶合等损坏现象，使齿轮失去正常的工作能力，称为齿轮的失效。常见的渐开线齿轮的失效形式见表6-13。

表6-13 渐开线齿轮的失效形式

失效形式	实物图	产生原因	
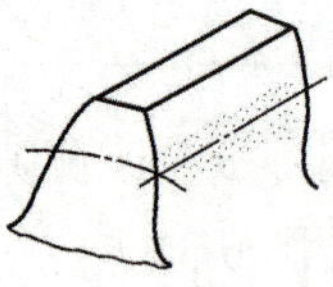 齿面点蚀	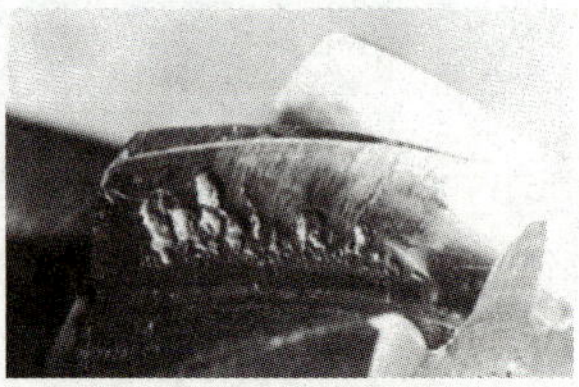	在载荷反复作用下，轮齿表面接触应力超过允许限度，产生细微的疲劳裂纹并不断扩展，使表层的小块金属剥落	齿面点蚀
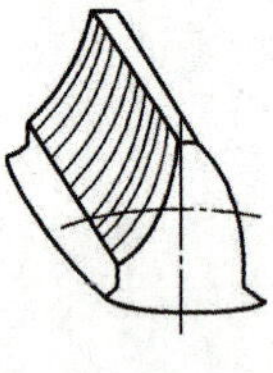 齿面磨损	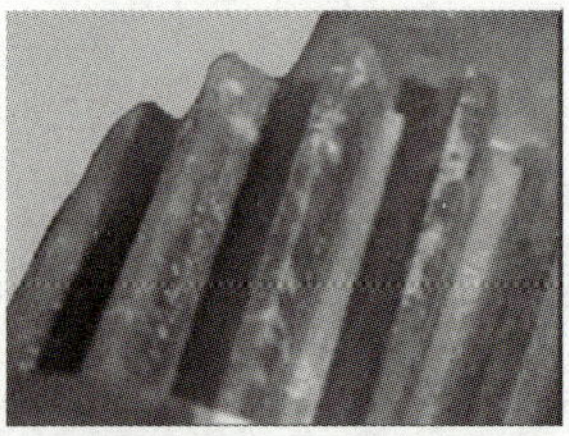	润滑条件不好，硬颗粒、灰尘等杂物进入啮合区	齿面磨损
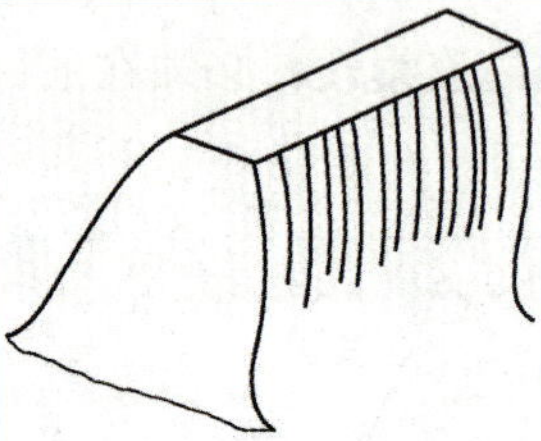 齿面胶合		高速重载传动中，润滑油膜因高温破裂，使齿面金属直接接触，产生瞬时高温，致使两轮齿表面熔焊在一起，较软的齿面金属被撕下，形成沟痕	齿面胶合
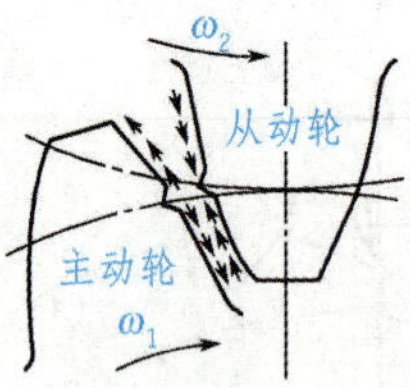 塑性变形（主动轮、从动轮）		齿轮齿面较软时，在重载时，使表层金属沿着摩擦力方向发生局部塑性流动，形成凹沟或凸起	齿面塑性变形
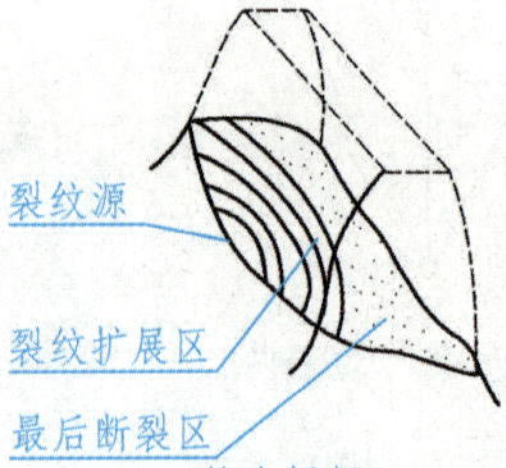 轮齿折断（裂纹源、裂纹扩展区、最后断裂区）		一种情况是在载荷反复作用下，齿根弯曲应力超过允许限度发生疲劳折断；另一种情况是轮齿受到严重冲击或短期过载而突然折断	

138

知识拓展　直齿圆柱齿轮啮合质量的检验

齿轮啮合质量包括齿侧间隙和接触精度。

1. 检验齿侧间隙

齿侧间隙常用百分表和压铅丝两种方法进行检验。

（1）用百分表测量法。用百分表测量齿侧间隙，如图 6-33 所示。测量时，将一个齿轮固定，在另一个齿轮上装上夹紧杆 1。由于侧隙存在，装有夹紧杆的齿轮便可摆动一定角度，在百分表 2 上得到读数 c，则此时齿侧间隙 c_n 为

$$c_n = cR/L \tag{6-3}$$

式中：c_n 为百分表 2 的读数（mm）；R 为装夹紧杆齿轮的分度圆半径（mm）；L 为夹紧杆长度（mm）。

当对测量的齿侧间隙要求不太高时，也可将百分表直接抵在一个齿轮的齿面上，另一齿轮固定。将接触百分表触头的齿从一侧啮合迅速转到另一侧啮合，百分表上的读数差值即为侧隙。

（2）压铅丝检验法。如图 6-34 所示，在齿宽两端的齿面上，平行放置两条铅丝（宽齿应放置 3～4 条），其直径不宜超过最小间隙的 4 倍。使齿轮啮合并挤压铅丝，铅丝被挤压后最薄处的尺寸，即为侧隙。

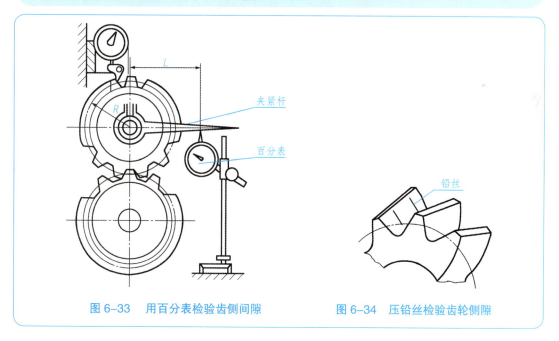

图 6-33　用百分表检验齿侧间隙　　　　图 6-34　压铅丝检验齿轮侧隙

2. 接触精度的检验

接触精度的主要指标是接触斑点。检验接触斑点一般用涂色法，将红丹粉涂于大齿轮齿面上。转动齿轮时，被动轮应轻微制动。对双向工作的齿轮传动，正反两个方向都应检验。

齿轮上接触印痕的面积大小，应该随齿轮精度而定。一般传动齿轮在轮齿的高度上接

触斑点不少于 30%～50%；在轮齿的宽度上不少于 40%～70%，其分布的位置应是自分度圆处上下对称分布，如图 6-35 所示。

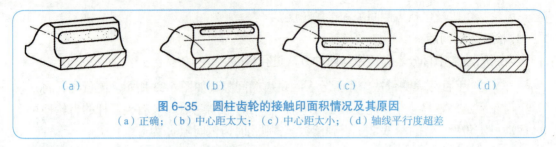

图 6-35　圆柱齿轮的接触印面积情况及其原因
（a）正确；（b）中心距太大；（c）中心距太小；（d）轴线平行度超差

练一练：

1. 渐开线齿廓啮合时具有_____和_____两个特性。
2. 基圆内_____渐开线。
3. 渐开线上任意一点的法线必_____基圆。
4. 普通螺纹的公称直径是指螺纹的_____。
5. 渐开线齿廓上各点的压力角_____。
6. 国家标准规定，分度圆上的齿形角为标准值，其值为_____。
7. 渐开线标准直齿圆柱齿轮的基本参数有哪些？
8. 简述齿轮副的正确啮合条件。
9. 什么是齿轮的失效？渐开线圆柱齿轮的失效形式有哪几种？

课外阅读

中国最早的"计程车"——记里鼓车

早在一千八百多年前的汉朝，智慧的先民就发明了计算里程的计量工具——"记里鼓车"，也称记道车、大章车、记里车、司里车。汉代科学家张衡在记道车的基础上，利用齿轮咬合原理，研制了记里鼓车。

《古今注》记载："记里车，车为二层，皆有木人，行一里下层击鼓，行十里上层击镯（古代一种小钟）。"这种车分上下两层，上一层设有一口钟，下一层设有一面鼓，车上有个头戴峨冠、身穿袍服的木头人，车子行走十里，木人就会击鼓一次，击鼓十次，就会敲钟一次，以此计算行走的路程。

宋朝时期，机械大师卢道隆对记里鼓车再次加以改进，制造了升级版的记里鼓车。大观元年（1107 年），吴德仁再次改版记里鼓车，"凡用大小轮八，合二百八十五齿，递相钩锁，犬牙相制，周而复始。"减少了击钟的齿轮，使车子行走一里，木人同时击鼓敲钟。马匹拉记里鼓车向前行走，带动足轮转动。足轮的转动靠一套互相咬合的齿轮传给敲鼓木人。

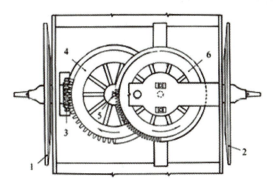

记里鼓车俯视图
1.左足轮　2.右足轮　3.立轮
4.下平轮　5.旋风轮　6.中平轮

记里鼓车侧视图
1.右足轮　2.立轮　3.下平轮
4.旋风轮　5.中平轮

6.5　蜗杆传动

> **学习导入**

　　蜗杆传动是在空间交错的两轴间传递运动和动力的一种传动，具有结构紧凑、工作平稳、无噪声、冲击振动小、能得到大的单级传动比等优点，在生产与生活中得到广泛的应用，如大型减速机、电动伸缩门、升降电梯等都使用了蜗杆传动。

> **学习目标**

　　1. 了解蜗杆传动的组成及应用特点；
　　2. 熟悉蜗杆传动的主要参数与啮合条件；
　　3. 掌握蜗轮回转方向的判定方法。
　　4. 通过本节内容学习，培养学生关联思维与协作意识，积极适应时代的进步与变化。

141

6.5.1 蜗杆传动的类型

1. 蜗杆传动的组成

蜗杆传动机构由蜗杆和蜗轮组成，通常由蜗杆（主动件）带动蜗轮（从动件）转动，并传递运动和动力，如图 6-36 所示。

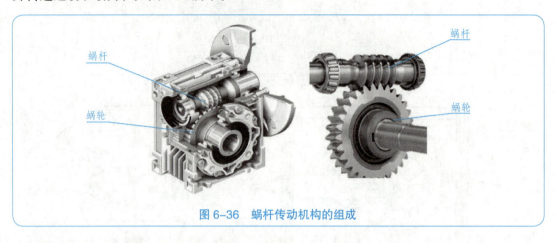

图 6-36　蜗杆传动机构的组成

蜗杆通常与轴合为一体，如图 6-37 所示。蜗轮常采用组合结构，如图 6-38 所示。

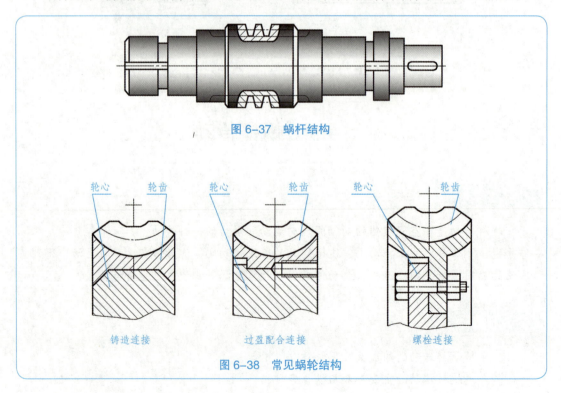

图 6-37　蜗杆结构

图 6-38　常见蜗轮结构

2. 蜗杆的类型

蜗杆传动的分类方法很多，常见的有以下几种：

6.5 蜗杆传动

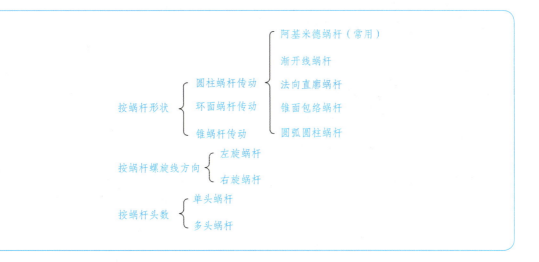

 查一查：
还有其他蜗杆分类方法吗？

6.5.2 蜗杆传动的主要参数和啮合条件

1. 蜗杆传动的主要参数

（1）模数 m、齿形角 α。蜗杆的轴面模数 m_{x1} 和蜗轮的端面模数 m_{t2} 相等，且为标准值。

$$m_{x1} = m_{t2} = m$$

蜗杆的模数已经标准化，蜗杆标准模数系列见表 6-14。

表 6-14 蜗杆标准模数系列

系列	m 值（单位：mm）
第一系列	1、1.25、1.6、2、2.5、3.15、4、5、6.3、8、10、12.5、16、20、25、31.5、40
第二系列	1.5、3、3.5、4.5、5.5、6、7、12、14

注：摘自 GB/T 10088—1988，优先采用第一系列。

蜗杆的轴面齿形角 $α_{x1}$ 和蜗轮的端面齿形角 $α_{t2}$ 相等，且为标准值。

$$α_{n1} = α_{t2} = α = 20°$$

（2）蜗杆分度圆导程角 γ。蜗杆分度圆导程角 γ 指蜗杆分度圆柱螺旋线的切线与端平面之间的锐角，如图 6-39 所示，即

$$\tan γ = p_x z_1 / πd_1 = z_1 m / d_1$$

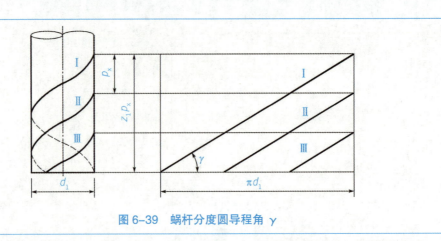

图 6-39 蜗杆分度圆导程角 γ

> **提示：**
> 导程角的大小直接影响蜗杆的传动效率。导程角大，效率高，但自锁性差；导程角小，自锁性强，但效率低。

（3）蜗杆分度圆直径 d_1 和蜗杆直径系数 q。为了保证蜗杆传动的正确性，切制蜗轮的滚刀的分度圆直径、模数和其他参数必须与该蜗轮相配的蜗杆一致，齿形角与相配的蜗杆相同。蜗杆分度圆直径 d_1 不仅与模数 m 有关，而且还与头数 z_1 和导程角 γ 有关。

在生产中为了使刀具标准化，限制滚刀的数目，对一定模数 m 的蜗杆的分度圆直径 d_1 作了规定，即规定了蜗杆直径系数 q，且 $q = d_1/m$。

（4）蜗杆头数 z_1 和蜗轮齿数 z_2。蜗杆头数 z_1 常根据蜗杆传动比和传动效率来选定，一般推荐选用 z_1= 1、2、4、6。

蜗轮齿数 z_2 可根据 z_1 和传动比 i 来确定，一般推荐选用 z_2 = 29 ~ 80。

2. 蜗杆传动的正确啮合条件

在中间平面内，蜗杆的轴面模数 m_{x1} 和蜗轮的端面模数 m_{t2} 相等，即 $m_{x1} = m_{t2} = m$。

在中间平面内，蜗杆的轴面齿形角 $α_{x1}$ 和蜗轮的端面齿形角 $α_{t2}$ 相等，即 $α_{x1} = α_{t2} = α$。

蜗杆分度圆导程角 $γ_1$ 和蜗轮分度圆柱面螺旋角 $β_2$ 相等，且旋向一致，即 $γ_1 = β_2$。

6.5.3 蜗轮回转方向的判定

蜗杆传动时，蜗轮的旋转方向不仅与蜗杆的旋转方向有关，而且与蜗杆轮齿的螺旋方向有关。

1. 判断蜗杆或蜗轮的旋向

判断蜗杆或蜗轮的旋向用右手法则，如图 6-40 所示。手心对着自己，四指顺着蜗杆或蜗轮轴线方向摆正，若齿向与右手拇指指向一致，则该蜗杆或蜗轮为右旋；反之则为左旋。

6.5 蜗杆传动

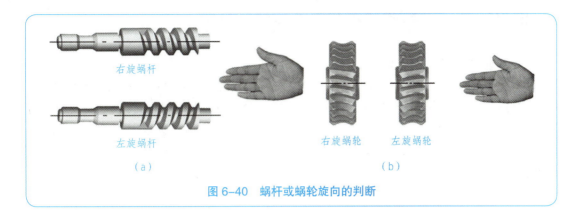

图 6-40 蜗杆或蜗轮旋向的判断

2. 判断蜗轮的回转方向

判断蜗轮的回转方向用左、右手法则，如图 6-41 所示。左旋蜗杆用左手，右旋蜗杆用右手，用四指弯曲表示蜗杆的回转方向，拇指伸直代表蜗杆轴线，则拇指所指方向的相反方向即为蜗轮上啮合点的线速度方向。

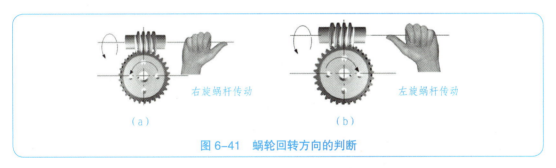

图 6-41 蜗轮回转方向的判断

试一试：
根据图中标出的已知条件，判断图 6-42 所示的方向或旋向。

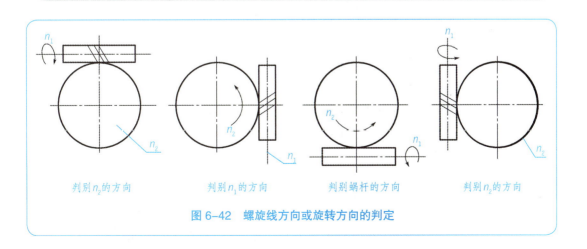

图 6-42 螺旋线方向或旋转方向的判定

知识拓展　蜗杆传动机构啮合质量的检验

1. 蜗杆轴向位置及接触斑点的检验

蜗杆的轴向位置及接触斑点一般用涂色法检验，先将红丹粉涂在蜗杆的螺旋面上，并转动蜗杆，可在蜗轮轮齿上获得接触斑点，如图 6-43 所示。图 6-43（a）为正确接触，其接触斑点应在蜗轮中部稍偏于蜗杆旋出方向。图 6-43（b）、（c）表示蜗轮轴向位置不对，应配磨垫片来调整蜗轮轴向位置。接触斑点的长度，轻载时为齿宽的 25%～50%，满载时为齿宽的 90% 左右。

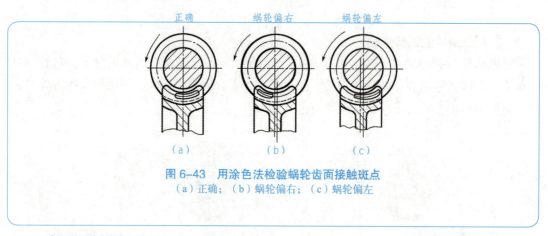

图 6-43　用涂色法检验蜗轮齿面接触斑点
（a）正确；（b）蜗轮偏右；（c）蜗轮偏左

2. 齿侧间隙检验

蜗杆传动机构的齿侧间隙一般用百分表测量，如图 6-44 所示。在蜗杆轴上固定一带量角器的刻度盘，百分表测头抵在蜗轮齿面上，用手转动蜗杆，在百分表指针不动的条件下，用刻度盘相对固定指针的最大转角判断间隙大小。

对于不重要的蜗杆机构，也可以用手转动蜗杆，根据空行程的大小判断侧隙的大小。

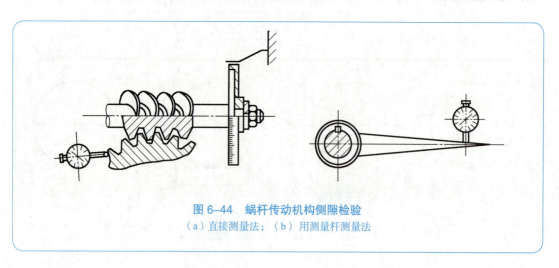

图 6-44　蜗杆传动机构侧隙检验
（a）直接测量法；（b）用测量杆测量法

练一练

1. 蜗杆传动由_____和_____组成。
2. 蜗杆传动是在_____的两轴间传递运动和动力的一种传动,具有_____、工作平稳_____、_____、_____、能得到大的单级传动比等优点。
3. 蜗杆轴向接触斑点的长度,轻载时为齿宽的_____,满载时为齿宽的_____左右。
4. _____蜗杆应用十分广泛。
5. 引入蜗杆直径系数并使之标准化是为使刀具_____。
6. 简述蜗杆传动的主要参数。
7. 蜗杆传动的正确啮合条件有哪些?

6.6 轮系

学习导入

齿轮传动的基本形式是一对齿轮相互啮合传递运动或动力,但在大多数机械设备中,为了获得较大的传动比、多级转速或需改变从动轴的回转方向等,依靠一对齿轮传动是远远不够的,需要多对齿轮传动来完成人们所预期的功用要求,这就需要采用轮系。

学习目标

1. 了解轮系的分类及应用特点;
2. 熟悉定轴轮系各轮转向的判断方法;
3. 掌握定轴轮系的传动比计算。
4. 通过本节内容学习,了解中华民族发明创造的优良传统,培养学生的创新思维与意识。

6.6.1 轮系的分类及应用特点

1. 轮系的分类

轮系的形式有很多,按照轮系传动时各齿轮的轴线位置是否固定分为定轴轮系、周转轮系和混合轮系三大类,见表6-15。

表 6-15 轮系的分类

类 别	说 明	结构简图
定轴轮系	当轮系运转时，所有齿轮的几何轴线位置相对于机架固定不变 齿轮传动—定轴轮系	
周转轮系	轮系运转时，至少有一个齿轮的几何轴线相对于机架的位置是不固定的，而是绕另一个齿轮的几何轴线转动 齿轮传动—周转轮系	
混合轮系	在轮系中，既有定轴轮系又有周转轮系	

查一查：
到网络或图书馆查一查，搜集机械设备中的轮系分别属于哪种类型？

2. 轮系的应用特点

（1）可获得很大的传动比。在一般齿轮传动中，受结构的限制，传动比不能很大。而采用轮系传动可以获得很大的传动比，以满足低速工作的要求。

（2）可作较远距离的传动。当两轴相距较远时，如果用一对啮合齿轮来传动，两齿轮的尺寸必然很大。在保持传动比不变的条件下，采用由一系列小齿轮组成的轮系来连接两轴，可使结构紧凑，缩小传动装置的空间，还可以节省零件材料，如图 6-45 所示。

（3）可以方便地实现变速和变向要求。在金属切削机床、汽车等机械设备中，经过轮系传动，可以使输出轴获得变速、变向等，以满足不同工作的要求，如图 6-46、图 6-47 所示。

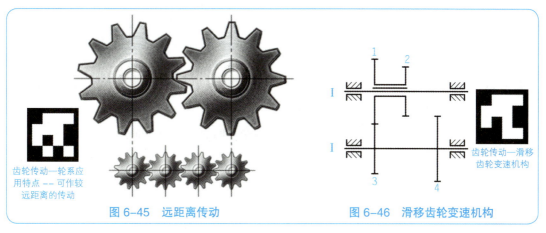

图 6-45 远距离传动　　　图 6-46 滑移齿轮变速机构

4. 可以实现运动的合成与分解

采用周转轮系可以将两个独立回转的运动合成为一个回转运动，也可以将一个回转运动分解为两个独立的回转运动，如图 6-48 所示。

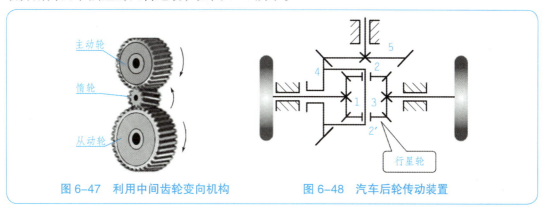

图 6-47 利用中间齿轮变向机构　　　图 6-48 汽车后轮传动装置

6.6.2 定轴轮系的传动比

1. 定轴轮系中各轮转向的判断

定轴轮系中各齿轮的旋转方向一般用在图上画箭头的方法来确定，见表 6-16。

表 6-16 定轴轮系中各轮的转向表达

类型	运动简图	说明
圆柱齿轮啮合传动	外啮合	转向用画箭头的方法表示，主、从动齿轮转向相反时，两箭头指向相反

（续表）

类型	运动简图	说明
圆柱齿轮啮合传动	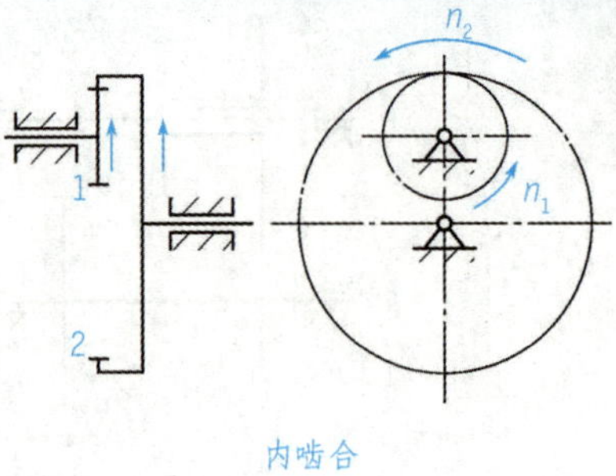 内啮合	主、从动齿轮转向相同时，两箭头指向相同
圆锥齿轮啮合传动	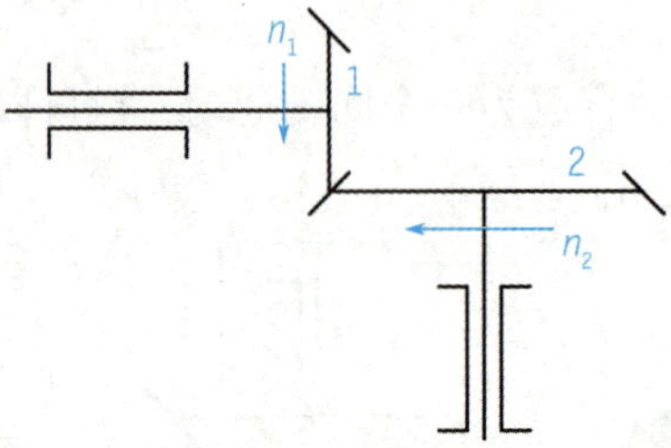	两箭头同时指向或同时相背啮合点
蜗杆啮合传动	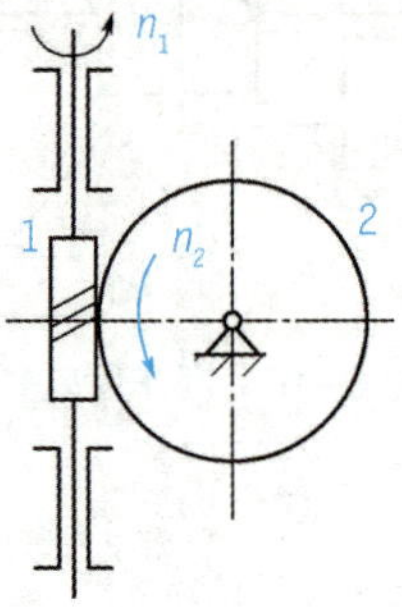	两箭头指向判定见 6.5 节

提示：
定轴轮系各齿轮的旋向也可以通过啮合齿轮的对数来确定。如果外啮合齿轮的对数是偶数，则首轮与末轮的转向相同；如果为奇数，则转向相反。

2. 定轴轮系传动比的计算

一组轮系，无论多么复杂，都应从输入轴（首轮转速 n_1）至输出轴（末轮转速 n_k）的传动路线进行分析，如图 6-49 所示。其传动路线为

$$n_1 \to \text{I} \to \frac{z_1}{z_2} \to \text{II} \to \frac{z_3}{z_4} \to \text{III} \to \frac{z_5}{z_6} \to \text{IV} \to \frac{z_7}{z_8} \to \text{V} \to \frac{z_8}{z_9} \to \text{VI} \to n_9$$

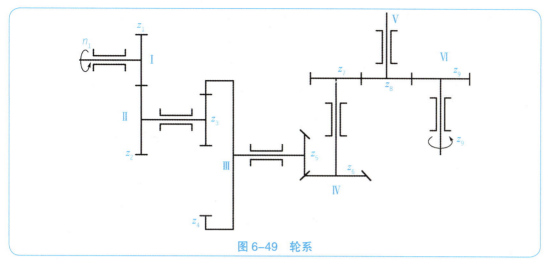

图 6-49 轮系

图 6-50 所示为由一组圆柱齿轮组成的定轴轮系,齿轮 1,2,3,4,5 的齿数分别用 z_1,z_2,z_3,z_4,z_5 表示,齿轮的转速分别用 n_1,n_2,n_3,n_4,n_5 表示。Ⅰ轴为输入轴,Ⅱ为轴出轴,轮系中各对齿轮的传动比用双下角标表示为 i_{12},i_{23},i_{45}。轮系的传动比用 $i_总$ 表示。该轮系的传动比为

$$i_{15} = \frac{n_1}{n_5} = i_{12}i_{23}i_{45} = \frac{z_2 z_3 z_5}{z_1 z_2 z_4} = \frac{z_3 z_5}{z_1 z_4}$$

上式表明,定轴轮系的传动比等于轮系中各级齿轮的传动比之积,其数值为轮系中从动轮齿数的连乘积与主动轮齿数的连乘积之比。

> 由此可以得出结论:在平行定轴轮系中,若以 1 表示首轮,以 k 表示末轮,外啮合的次数为 m,则其总传动比为
>
> $$i_总 = i_{1k} = (-1)^m \frac{各级齿轮副中从动齿轮齿数的边乘积}{各级齿轮副中动齿轮齿数的边乘积} \quad (6-4)$$

在式(6-4)中,当 i_{1k} 为正值时,表示首轮与末轮转向相同;反之,表示转向相反。转向也可以通过在图上依次画箭头来确定。

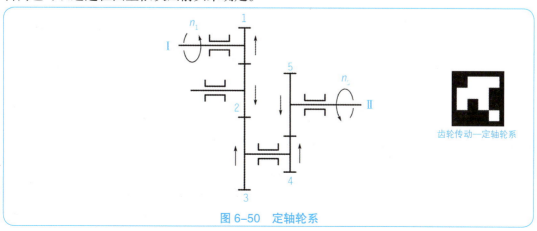

图 6-50 定轴轮系

齿轮传动—定轴轮系

例 6-3 如图 6-51 所示轮系，已知各齿轮齿数及 n_1 转向，求 i_{19} 和判定 n_9 转向。

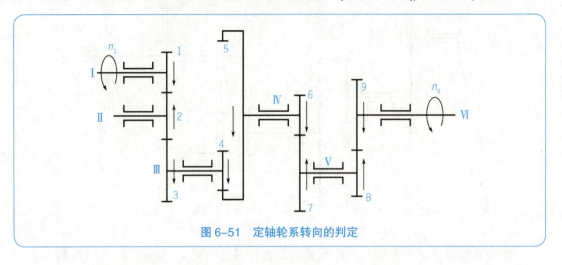

图 6-51 定轴轮系转向的判定

解：因为轮系传动比 $i_总$ 等于各级齿轮副传动比的连乘积，所以

$$i_{19} = i_{12}i_{23}i_{45}i_{67}i_{89} = \frac{n_1}{n_5} \cdot \frac{n_2}{n_3} \cdot \frac{n_4}{n_5} \cdot \frac{n_6}{n_7} \cdot \frac{n_8}{n_9}$$

$$= \left(-\frac{z_2}{z_1}\right)\left(-\frac{z_3}{z_2}\right)\left(+\frac{z_5}{z_4}\right)\left(-\frac{z_7}{z_6}\right)\left(-\frac{z_9}{z_8}\right)$$

$$i_{19} = (-1)^4 \frac{z_2}{z_1} \cdot \frac{z_3}{z_2} \cdot \frac{z_5}{z_4} \cdot \frac{z_7}{z_6} \cdot \frac{z_9}{z_8}$$

$i_总$ 为正值，表示定轴轮系中主动齿轮（首轮）1 与定轴轮系中末端轮（输出轮）9 转向相同。

例 6-4 如图 6-52 所示轮系，已知 $z_1=24$，$z_2=28$，$z_3=20$，$z_4=60$，$z_5=20$，$z_6=20$，$z_7=28$，齿轮 1 为主动件。分析该机构的传动路线；求传动比 i_{17}；若齿轮 1 转向已知，试判定齿轮 7 的转向。

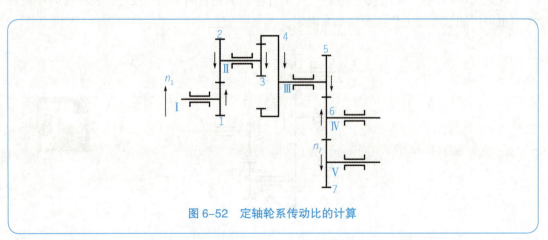

图 6-52 定轴轮系传动比的计算

分析：该机构的传动路线为

$$n_1 \to \text{I} \to \frac{z_1}{z_2} \to \text{II} \to \frac{z_3}{z_4} \to \text{III} \to \frac{z_5}{z_6} \to \text{IV} \to \frac{z_6}{z_7} \to \text{V} \to n_7$$

解：根据式（6-4），有

$$i_{17} = \frac{n_1}{n_7} = \left(-\frac{z_2}{z_1}\right)\left(+\frac{z_4}{z_3}\right)\left(-\frac{z_6}{z_5}\right)\left(-\frac{z_7}{z_6}\right) = \frac{28 \times 60 \times 20 \times 28}{24 \times 20 \times 20 \times 20} = -4.9$$

结果为负值，说明从动轮 7 与主动轮 1 的转向相反。

知识拓展　定轴轮系中任意从动齿轮的转速计算

1. 任意从动齿轮转速计算

设轮系中各主动齿轮的齿数为 z_1、z_3、z_5、$\cdots$，从动齿轮的齿数为 z_2、z_4、z_6、$\cdots$，首轮的转速为 n_1，第 k 个齿轮的转速为 n_k，由

$$i_{1k} = \frac{n_1}{n_k} = \frac{z_2 z_4 z_6 \cdots z_k}{z_1 z_3 z_5 \cdots z_{k-1}} \quad (\text{不考虑齿轮旋转方向})$$

得第 k 个齿轮的转速为

$$n_k = \frac{n_1}{i_{1k}} = n_1 \frac{z_1 z_3 z_5 \cdots z_{k-1}}{z_2 z_4 z_6 \cdots z_k} \tag{6-5}$$

2. 轮系末端是螺旋传动的计算

轮系中，若末端带有螺旋传动，则螺旋传动部分把螺杆的转动转变为螺母的移动，如图 6-53 所示。螺母（砂轮）的移动速度及输入轴每回转一周的移动距离分别为

$$v = n_k P_\text{h} = n_1 \frac{z_1 z_3 z_5 \cdots z_{k-1}}{z_2 z_4 z_6 \cdots z_k} P_\text{h} \tag{6-6}$$

$$L = \frac{z_1 z_3 z_5 \cdots z_{k-1}}{z_2 z_4 z_6 \cdots z_k} P_\text{h} \tag{6-7}$$

式中：v 为螺母（砂轮架）的移动速度（mm/min）；L 为输入轴（手轮）每回转一周，螺母（砂轮架）的移动距离（mm）；n_1 为主动齿轮的转速（r/min）；P_h 为螺杆的导程（mm）；z_1、z_3、z_5、$\cdots$、z_{k-1} 为轮系中各主动齿轮的齿数；z_2、z_4、z_6、$\cdots$、z_k 为轮系中从动齿轮的齿数。

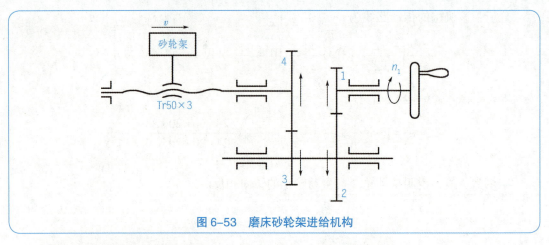

图 6-53 磨床砂轮架进给机构

3. 轮系末端是齿条传动的计算

如图 6-54 所示，末端件是齿轮齿条，它可以把主动件的回转运动变为直线运动。齿条传动的移动速度和输入轴每回转一周的移动距离分别为

$$v = n_k \pi m z = n_1 \frac{z_1 z_3 z_5 \cdots z_{k-1}}{z_2 z_4 z_6 \cdots z_k} \pi m z \qquad (6\text{-}8)$$

$$L = \frac{z_1 z_3 z_5 \cdots z_{k-1}}{z_2 z_4 z_6 \cdots z_k} \pi m z \qquad (6\text{-}9)$$

式中：v 为齿轮沿齿条的移动速度（mm/min）；L 为输入轴每回转一周，齿轮沿齿条的移动距离（mm）；n_1 为输入轴的转速（r/min）；z_1、z_3、z_5、$\cdots$、z_{k-1} 为轮系中各主动齿轮的齿数；z_2、z_4、z_6、$\cdots$、z_k 为轮系中从动齿轮的齿数；m 为齿轮齿条副中齿轮的模数（mm）；z 为齿轮齿条副中齿轮的齿数。

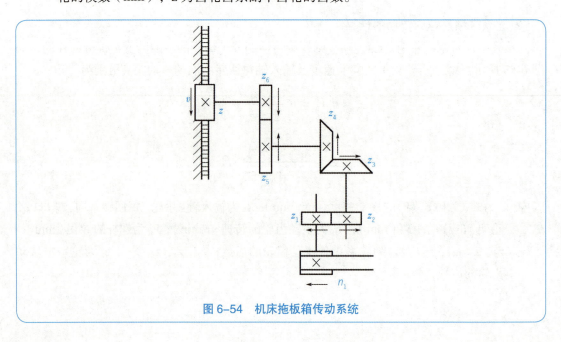

图 6-54 机床拖板箱传动系统

6.6 轮系

练一练：

1. 按照轮系传动时各齿轮的轴线位置是否固定分为_____轮系、_____轮系和_____轮系三大类。

2. 简述轮系的应用特点。

3. 如图 6-55 所示轮系，已知：$z_1 = 24$，$z_2 = 28$，$z_3 = 20$，$z_4 = 60$，$z_5 = 20$，$z_6 = 20$，$z_7 = 28$。设定齿轮 1 为主动件，齿轮 7 为从动件。试求轮系的传动比 i，并根据齿轮 1 的回转方向判定齿轮 7 的回转方向。

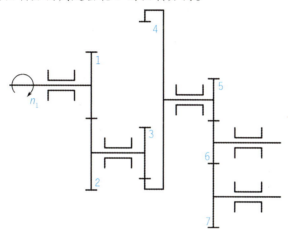

图 6-55　轮系

4. 如图 6-56 所示，已知：$z_1 = 16$，$z_2 = 32$，$z_3 = 20$，$z_4 = 40$，蜗杆 $z_5 = 2$，蜗轮 $z_6 = 40$，$n_1 = 800$ r/min。试求蜗轮的转速 n_6 并确定各轮的回转方向。

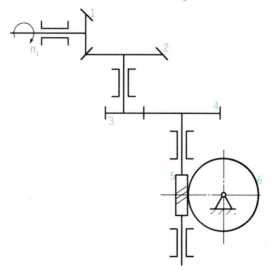

图 6-56　判定蜗轮转速及各轮的回转方向

第 6 章 机械传动

实训项目　V 带的安装

> **学习目标**
> 1. 掌握 V 带的安装工艺；
> 2. 通过本实训项目学习，培养学生规范的操作习惯。

安装 V 带时，先将其套在小带轮轮槽中，然后套在大轮上，边转动大轮，边用一字旋具将带拨入带轮槽中，具体方法如下：

（1）将 V 带套入小带轮最外端的第一个轮槽中。

（2）将 V 带套入大带轮轮槽，左手按住大带轮上的 V 带，右手握住 V 带往上拉，在拉力作用下，V 带沿着转动的方向即可全部进入大带轮的轮槽内（图 6-57（a））。

（3）用一字旋具撬起大带轮（或小带轮）上的 V 带，旋转带轮，即可使 V 带进入大带轮（或小带轮）的第二个轮槽内（图 6-57（b））。

（4）重复步骤（3），即可将第一根 V 带逐步拨到两个带轮的最后一个轮槽中。

（5）检查 V 带装入轮槽中的位置是否正确。

（6）检查 V 带的松紧程度。用大拇指按向安装完毕的 V 带，能将其按下 15 mm 左右为松紧程度合适，如图 6-58 所示。

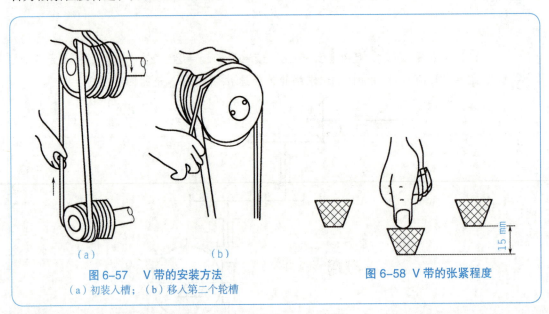

图 6-57　V 带的安装方法
（a）初装入槽；（b）移入第二个轮槽

图 6-58　V 带的张紧程度

第 7 章 支承零部件

机械零件的正常运转,离不开轴及轴承的支承。支承零部件是机械零件的重要组成部分,常用的支承零部件是轴和轴承。

7.1 轴

学习导入

轴在人们的生活、生产中随处可见,如自行车中的心轴、汽车上的传动轴、减速器中的转轴以及内燃机中的曲轴等。

学习目标

1. 了解轴的分类及应用特点;
2. 熟悉轴上零件的固定方法及应用;
3. 掌握轴的结构工艺性。
4. 通过本节内容学习,培养学生严谨认真的设计态度。

7.1.1 轴的分类与应用

轴是机械设备中最主要和最基本的零件之一,主要用于支撑传动件、传递运动和扭矩,以及保证装在轴上的零件具有正确的工作位置和一定的回转精度。

轴的分类方法很多,一般有按轴的轴线形状和轴所承受的载荷两种分类方法,见表7-1、表7-2。

第 7 章 支承零部件

表 7-1 按轴的轴线形状分类

种类			图例	应用特点
直轴	外形不同	光轴		形状简单、加工容易、轴上应力集中源少，但轴上零件的固定和装拆不方便，常用于心轴与传动轴，在农业机械与纺织机械中应用较广
		阶梯轴		特点与光轴相反，常用于转轴，在一般机械行业应用较广
	心部结构不同	空心轴		在材料相同、截面积相等的情况下，空心轴比实心轴的抗扭能力强，能够承受较大的外力矩。在相同的外力矩情况下，选用空心轴要比实心轴省材料。但加工制造困难，造价较高
		实心轴		特点及应用与空心轴相反
曲轴				加工制造困难，造价较高，可用来传递往复运动，在内燃机、空压机中应用较广
挠性轴				具有良好的挠性，可将旋转运动灵活地传递到所需要的任何位置；有时也用于连续振动的场合，以缓和冲击

7.1 轴

表7-2 按轴所承受的载荷不同分类

种类		举例	应用特点
心轴	转动心轴	火车轮轴（转动心轴）	工作时只承受弯矩，起支承作用
	固定心轴	自行车前轴（固定心轴、前轮轮毂、前叉）	
传动轴		汽车传动轴（传动轴）	工作时只承受扭矩，不承受弯矩或承受很小的弯矩，仅起传递动力的作用
转轴		减速器中的轴	工作时既承受弯矩又承受扭矩，既起支承作用又起传递动力作用，在机械设备中应用最广泛

议一议：

在生产和生活中你见到的轴属于什么类型？说出来大家进行讨论。

7.1.2 轴的结构

1. 轴的结构组成

轴主要由轴颈、轴头和轴身三部分组成，如图7-1所示。

提示：

轴颈直径与轴承内径、轴头直径与相配合零件的轮毂内径应一致，而且应为标准值。轴上螺纹或花键部分的直径也应符合螺纹或花键的相关标准。

159

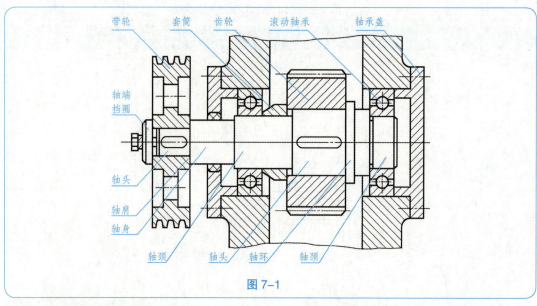

图 7-1

2. 对轴结构的要求

对轴的结构进行设计时,主要是确定轴的结构形式和尺寸。影响轴的结构与尺寸的因素很多,设计轴时要全面综合地考虑各种因素。但无论有何种具体因素,轴的结构都应满足以下三个条件:

(1)轴上零件要有可靠的周向固定和轴向固定。

(2)轴应便于加工和尽量避免或减小应力集中。

(3)便于轴上零件的安装与拆卸。

7.1.3 轴上零件的固定

1. 轴上零件的轴向固定

轴上零件轴向固定的目的是为了保证零件在轴上有确定的轴向位置,防止零件作轴向移动,并能承受轴向力。常用的轴向固定方法及应用见表 7-3。

表 7-3 轴上零件的轴向固定方法及应用

固定方法	简图	结构特点及应用
轴肩和轴环		结构简单、定位可靠,不需附加零件,能承受较大的轴向力,但阶梯处易形成应力集中,阶梯过多不利于加工。广泛应用于轴上零件的轴上固定。为使零件与轴肩贴合,轴上圆角 r 应小于轴上零件孔端的圆角 R 或倒角 C

（续表）

固定方法	简图	结构特点及应用
轴端挡圈		结构简单、工作可靠，可承受剧烈振动和冲击。使用时，应采取止动垫片、防转螺钉等防松措施。应用广泛，适用于固定轴端零件
圆锥面		能消除间隙、对中精度高，装拆方便，能承受冲击载荷，适用于对中性要求较高、无轴肩和轴环的轴端
轴套（套筒）		结构简单、定位可靠、装拆方便，常用于轴上零件间距离较小的场合；但增加了机器的质量，且由于轴套与轴的配合较松，故适宜于转速不高的场合
圆螺母		固定可靠、装拆方便，可承受较大的轴向力，能调整轴上零件之间的间隙。为防止松脱，必须加止动垫圈或使用双螺母。由于轴上切制了螺纹，使轴的强度降低。常用于轴上零件距离较大处及轴端零件的固定
弹性挡圈		结构简单紧凑、拆装方便，但能承受的轴向力较小，而且要求切槽尺寸保持一定的精度，否则可能出现与被固定件间存在间隙或弹性挡圈不能装入切槽的现象

2. 轴上零件的周向固定

轴上零件周向固定的目的是为了保证轴能可靠地传递运动和转矩，防止轴上零件与轴产生相对转动。常用的周向固定方法及应用见表 7-4。

表 7-4 轴上零件的周向固定方法及应用

固定方法	简图	结构特点及应用
平键与楔键		平键连接结构简单、加工容易、定心性好、装拆方便，可用于较高精度、较高转速及受冲击或变载作用的场合。但不能轴向固定，不能承受轴向力 楔键连接不适于要求严格对中、有冲击或高速回转的场合，但能承受单向轴向力

（续表）

固定方法	简图	结构特点及应用	
花键		接触面积大、承载能力强、对中性和导向性好，适用于载荷较大，定心要求高的静、动连接。但加工工艺较复杂，成本较高	花键
螺钉		结构简单，同时起轴向与周向固定的作用，但承载能力较小，适用于轴向力很小、转速很低或防止轴向滑移的场合	
销		结构简单，同时起轴向与周向固定的作用，常用做安全装置，过载时可被剪断，防止损坏其他零件。不能承受较大载荷，对轴强度有削弱	销
过盈配合		同时具有周向和轴向固定作用，结构简单，对中精度高，选择不同的配合有不同的连接强度。不宜用于重载和经常拆卸的场合。由于配合表面的加工精度要求较高，故加工有一定难度	过盈配合

议一议：

上网或到图书馆查一查，在生产或生活中，你曾经见到过哪些轴向或周向的固定方式？记下来，与同学们进行交流。

7.1.4 轴的结构工艺性

轴的结构工艺性是指轴的结构形式便于加工、便于轴上零件的装配和使用维修，并且能提高生产率、降低生产成本。一般来说，轴的结构越简单，工艺性就较好。所以，在满足使用要求的前提下，轴的结构形式应尽量简化。轴的结构工艺性一般从以下几个方面进行考虑：

（1）轴的结构和形式应便于加工、装配和维修。

（2）阶梯轴的直径应该是中间大、两端小，由中间向两端依次减小，以便于轴上零件的装拆。

（3）轴端、轴颈与轴肩（或轴环）的过渡部位应有倒角或过渡圆角，便于轴上零件的装配，避免划伤配合表面，减小应力集中。轴上有多处倒角或圆角时，为便于加工应大小一致，以减少刀具规格和换刀次数。自由表面的轴肩过渡圆角在不影响装配也没有特殊要求的前提下，可适当取大些（一般取 r=0.1d），以减小应力集中，如图 7-2 所示。

（4）轴上有螺纹时，应留有退刀槽（图 7-3），以便于螺纹车刀退出；需要磨削的台阶轴，应留有越程槽（图 7-4），以便磨削用砂轮越过工作表面。

（5）当轴上有两个以上的键槽时，槽宽应尽可能相同，并布置在同一母线上，以利于加工，如图 7-5 所示。

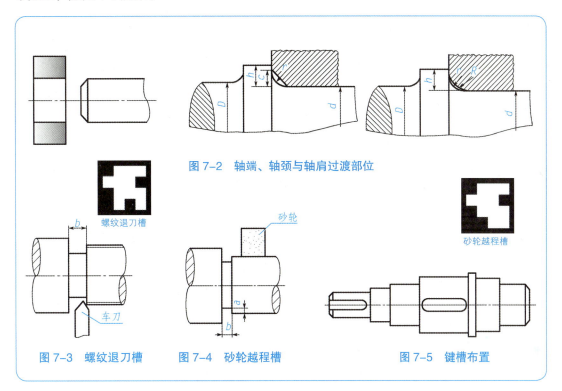

图 7-2 轴端、轴颈与轴肩过渡部位

图 7-3 螺纹退刀槽　　图 7-4 砂轮越程槽　　图 7-5 键槽布置

提示：

越程槽宽一般为 2～4 mm，深度为 0.5～1 mm。

知识拓展　　轴类零件的材料和毛坯

轴类零件的材料一般有碳素结构钢和合金结构钢两类。应用最多的是 45 钢，主要用于中等复杂程度、一般重要的轴类零件，此类零件一般需要经调质、表面淬火等热处理。对于精度要求较高、转速较高的轴可采用中碳合金结构钢，如 40Cr、35SiMn 等。

轴类零件的毛坯有圆棒料、锻件、铸钢件等。圆棒料主要用于一般要求的光轴和直径相差不大的台阶轴；锻件用于直径相差较大的台阶轴或要求有较高抗弯、抗扭转强度的轴类零件。铸钢用于结构形状复杂或尺寸较大的轴类零件。

练一练：

1. 根据轴所承受的载荷不同，轴分为_____、_____和_____三类。
2. 轴主要由_____、_____和_____三部分组成。
3. 轴上零件的轴向固定方法主要有_____、_____、_____、_____、圆螺母固定和_____。
4. 加工制造困难，造价较高，可用来传递往复运动，在内燃机、空压机中应用较广的是_____。
5. 工作时既承受弯矩又承受扭矩，既起支承作用又起传递动力作用的是_____。
6. 简述轴上零件周向固定的方法与目的。
7. 轴的结构工艺性一般从哪几个方面进行考虑？

7.2 滑动轴承

学习导入

用来确定轴与其他零件相对运动位置并起支承或导向作用的零（部）件称为轴承。按照轴承与轴工作表面摩擦性质的不同，轴承可分滚动轴承与滑动轴承两类。

滑动轴承是在滑动摩擦下工作的轴承，其具有工作平稳可靠、无噪声的优点，在高速、重载、高精度及有冲击的工况条件下应用较广。

学习目标

1. 了解常用的轴瓦材料；
2. 熟悉常用滑动轴承的结构和特点。

7.2.1 滑动轴承的类型、结构和特点

1. 滑动轴承的类型

滑动轴承的分类方法很多。按轴承与轴颈之间的润滑状态，分为液体摩擦滑动轴承和

非液体摩擦滑动轴承；按承载方向分为径向滑动轴承（承受径向载荷）、推力滑动轴承（承受轴向载荷）和径向推力滑动轴承（同时承受径向载荷和轴向载荷）三种形式。

2. 常用滑动轴承的结构和特点

滑动轴承主要由滑动轴承座、轴瓦或轴套组成。装有轴瓦或轴套的壳体称为滑动轴承座。常用滑动轴承的结构和特点见表7-5。

表 7-5　常用滑动轴承的结构和特点

类型		结构简图	特　点
径向滑动轴承	整体式		结构简单、价格低廉，但轴的装拆不方便，磨损后轴承的径向间隙无法调整，适用于轻载、低速或间歇工作的场合
	剖分式		装拆方便，磨损后轴承的径向间隙可以调整，应用较广
	调心式		轴瓦与轴承盖、轴承座之间为球面接触，轴瓦可以自动调位，以适应轴受力弯曲时轴线产生的倾斜。主要适用于轴的挠度较大或轴承孔轴线的同轴度较大的场合
推力滑动轴承			用来承受轴向载荷的滑动轴承称为推力滑动轴承，它是靠轴的端面或轴肩、轴环的端面向推力支承面传递轴向载荷

议一议：
同学之间进行讨论，看看你所见到的滑动轴承属于哪种类型？

7.2.2 滑动轴承的材料

1. 对材料的要求

轴瓦（轴套）是滑动轴承中直接和轴颈接触并有相对滑动的零件，因此，应保证有良好的减摩性、耐磨性和抗胶合性，以及足够的强度、易跑合、易加工等性能。

提示：
滑动轴承的材料一般是指轴瓦或轴套的材料。

2. 常用轴瓦（轴套）材料的性能及用途

常用轴瓦（轴套）材料的性能及用途见表 7-6。

表 7-6　常用轴瓦（轴套）材料的性能与用途

轴瓦（轴套）材料	性能	用途	常用轴瓦（轴套）材料牌号
铸铁	铸铁中的片状或球状石墨成分在材料表面覆盖后，可起润滑作用，而且有助于提高其耐磨性	应用于轻载、低速、不受冲击的轴承或经淬火热处理的轴颈相配合的轴承	HT150、HT200
铜合金	具有较高的强度、较好的减摩性和耐磨性	铸造黄铜价格便宜，常用于冲击小、负载平稳的轴承；铸造青铜一般用于中速、中等冲击条件下的轴承	ZCuZn25Al6、ZCuZn25Al6FeMn3、ZCuZn38Mn2Pb2、ZCuZn16Si4、ZCuSn10P1、ZCuSn5Pb5Zn5、ZCuAl0FeMn3、ZCuZn25Al10Fe3、ZCuPb30
轴承合金（巴氏合金）	强度较低且价格较贵，通常用铸造方法浇铸在材料强度较高的轴瓦（轴套）表面，形成减磨层（衬层），既有较高强度和刚度，又有良好的减摩性和耐磨性	一般用于中高速、重载，以及冲击不大、负载稳定的重要轴承	ZCuSnSb11-6、ZCuPbSb16-16-2
聚酰胺（尼龙）	具有较好的自润性、耐磨性、减振性和耐腐蚀性，但导热性差，吸水性大，尺寸也不稳定	一般用于温度、速度不高，载荷不大，散热条件较好的小型轴承	尼龙6、尼龙66、尼龙1010

7.2 滑动轴承

查一查：

到网络或书籍上搜一搜，在常用的机械设备上哪些地方用到滑动轴承？这些滑动轴承是用什么材料制成的？记下来，与同学们进行交流。

知识拓展　滑动轴承的润滑

滑动轴承润滑的目的是为了减少工作表面间的摩擦和磨损，同时起冷却、散热、防锈蚀及减振等作用。合理正确的润滑对保证机器的正常运转、延长使用寿命具有重要的意义。常用的滑动轴承润滑方式及装置见表7-7。

表7-7　常用滑动轴承润滑方式及装置

润滑方式		装置示意图	说明
间歇润滑	针阀式油杯		用于油润滑。将手柄置于垂直位置，针阀上升，油孔打开供油；手柄置于水平位置，针阀降回原位，停止供油。旋动螺母可调节注油量的大小
	旋套式油杯		用于油润滑。转动旋套，使旋套孔与杯体注油孔对正时可用油壶或油枪注油。不注油时，旋套壁遮挡杯体注油孔，起密封作用
	压配式油杯		用于油润滑或脂润滑。将钢球压下可注油。不注油时，钢球在弹簧的作用下，使杯体注油孔封闭

167

(续表)

润滑方式		装置示意图	说明	
连续润滑	旋盖式油杯	杯盖、杯体	用于脂润滑。杯盖与杯体采用螺纹连接，旋合时在杯体和杯盖中都装满润滑脂，定期旋转杯盖，可将润滑脂挤入轴承内	旋盖式油杯
	芯捻式油杯	盖、杯体、接头、芯捻	用于油润滑。杯体中储存润滑油，靠芯捻的毛细作用实现连续润滑。这种润滑方式注油量较小，适用于轻载及轴颈转速不高的场合	
	油环式油杯	轴颈、油环	用于油润滑。油环套在轴颈上并垂入油池，轴旋转时，靠摩擦力带动油环转动，将润滑油带至轴颈处进行润滑。这种润滑方式结构简单，但由于靠摩擦力带动油环甩油，故轴的转速需要适当充足供油	
	压力润滑	轴颈、油泵、油箱	用于油润滑。利用油泵将压力润滑油送入轴承进行润滑。这种润滑方式工作可靠，但结构复杂，对轴承的密封要求高，且费用较高，适用于大型、重载、高速、精密和自动化机械设备	

练一练：

1. 按轴承与轴颈之间的润滑状态不同，滑动轴承分为_____滑动轴承和_____滑动轴承两种类型。

2. 滑动轴承是在滑动摩擦下工作的轴承，其具有_____、_____的优点，在_____、_____、_____及有冲击的工况条件下应用较广。

3. 装拆方便，磨损后轴承的径向间隙可以调整，应用较广的是_____。

4. 同时承受径向载荷和轴向载荷的滑动轴承是_____。

5. 对轴瓦材料的要求是什么？常用的轴瓦材料有哪些？

7.3 滚动轴承

> **学习导入**
>
> 无论是人们日常生活中的溜冰鞋还是自行车，无论是生产中的各类机床还是矿山设备，它们的正常工作都离不开滚动轴承。

> **学习目标**
>
> 1. 了解滚动轴承的结构及应用；
> 2. 熟悉滚动轴承的类型及特性；
> 3. 掌握滚动轴承代号的含义。
> 4. 通过本节内容学习，提升学生团队合作意识，培养强烈的集体荣誉感和责任感。

7.3.1 滚动轴承的结构

以滚动摩擦为主的轴承称为滚动轴承，如图 7-6 所示，滚动轴承由内圈、外圈、滚动体和保持架四部分组成。内圈装在轴颈上，与轴一起转动。外圈装在机座的轴承孔内固定不动。内外圈上设置有滚道，当内外圈相对旋转时，滚动体沿着滚道滚动。常见的滚动体形状如图 7-7 所示。

滚动轴承为校准零件，其具有摩擦阻力小、启动灵敏、效率高、旋转精度高、润滑简便和装拆方便等优点，广泛应用于各种机器与机构中。

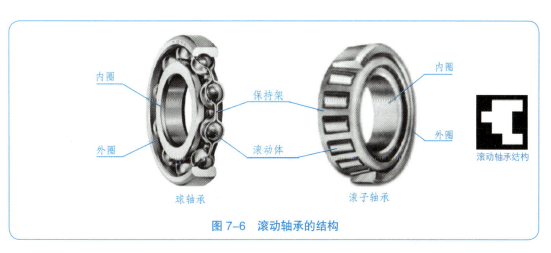

图 7-6 滚动轴承的结构

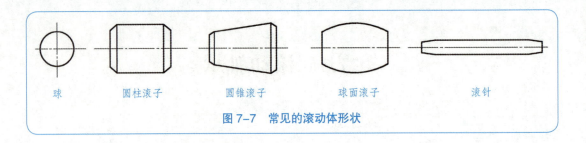

图 7-7　常见的滚动体形状

> **说一说：**
> 日常生活中，你在哪些地方见过滚动轴承？

7.3.2　滚动轴承的类型与代号

1. 滚动轴承的类型

为满足不同的工况条件要求，滚动轴承有多种不同的类型。常用滚动轴承的类型和特性见表 7-8。

表 7-8　常用滚动轴承的类型和特性

轴承名称	结构图	简图及承载方向	类型代号	基本特性
调心球轴承			1	主要承受径向载荷，同时可承受少量双向轴向载荷，能自动定心，适用于弯曲刚度小的轴
调心滚子轴承			2	主要承受径向载荷，同时能承受少量双向轴向载荷，其承受能力比调心球轴承大；具有自动调心性能，适用于重载和冲击载荷的场合 滚动轴承—调心滚子轴承

7.3 滚动轴承

（续表）

轴承名称		结构图	简图及承载方向	类型代号	基本特性
推力调心滚子轴承				2	可以承受很大的轴向载荷和不大的径向载荷。适用于重载和要求调心性能好的场合
圆锥滚子轴承				3	能同时承受较大的径向载荷和轴向载荷。内外圈可分离，通常成对使用，对称布置安装 滚动轴承—圆锥滚子轴承
双列深沟球轴承				4	主要承受径向载荷，也能承受一定的双向轴向载荷。它比深沟球轴承的承载能力大 滚动轴承—深沟球轴承
推力球轴承	单向		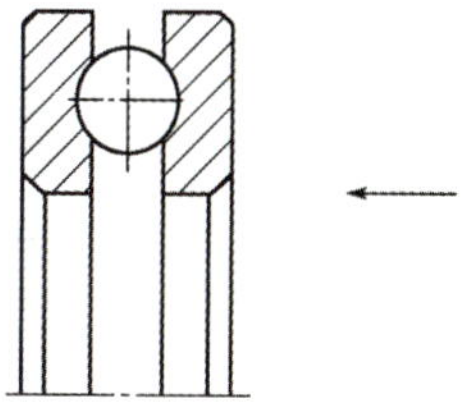	5 （5 100）	只能承受单向轴向载荷，适用于轴向载荷大而转速不高的场合
	双向			5 （5 200）	可承受双向轴向载荷，用于轴向载荷大、转速不高的场合

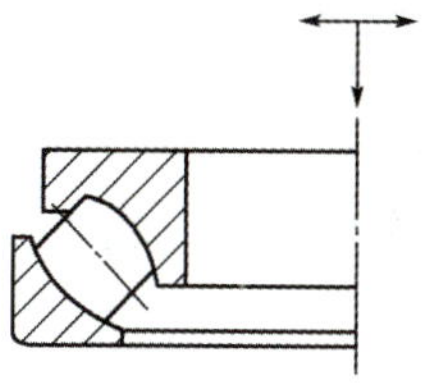

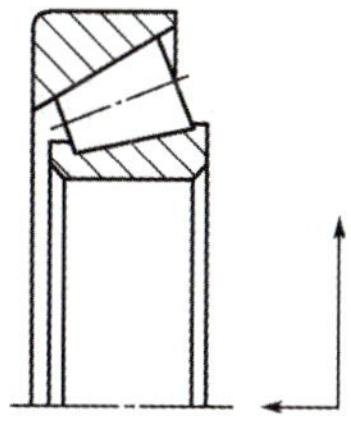

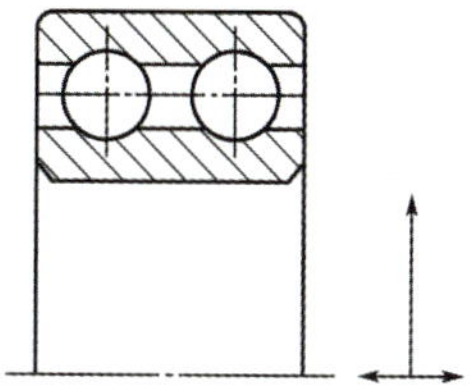

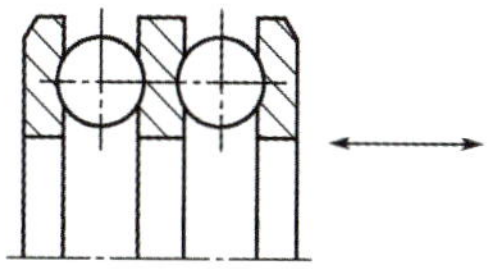

（续表）

轴承名称	结构图	简图及承载方向	类型代号	基本特性
深沟球轴承		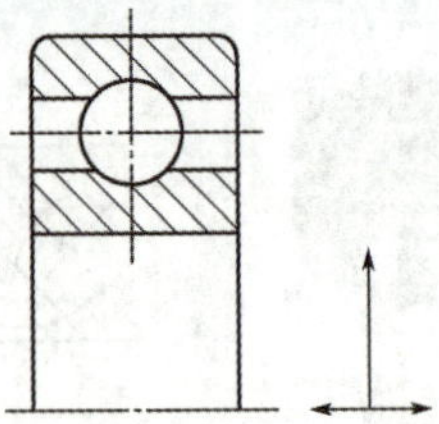	6	主要承受径向载荷，也可同时承受少量双向载荷，摩擦阻力小，极限转速高，结构简单，价格便宜，应用较广泛
角接触球轴承		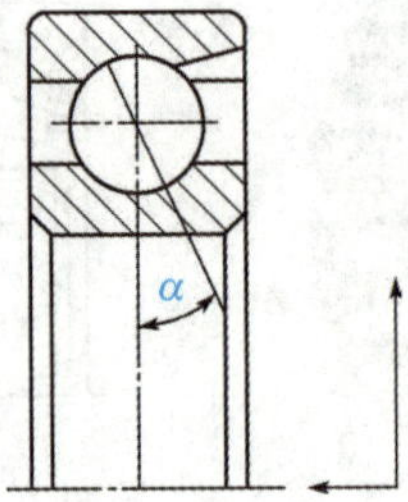	7	能同时承受径向载荷与轴向载荷。适用于转速较高，同时承受径向载荷和轴向载荷的场合 滚动轴承—角接触球轴承
推力圆柱滚子轴承		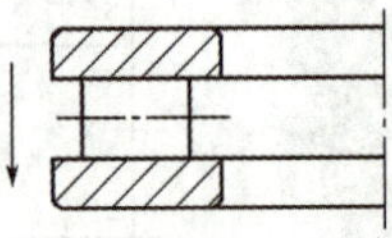	8	能承受很大的单向轴向载荷，承载能力比推力球轴承大很多，不允许有角偏差 滚动轴承—推力圆柱滚子轴承
圆柱滚子轴承		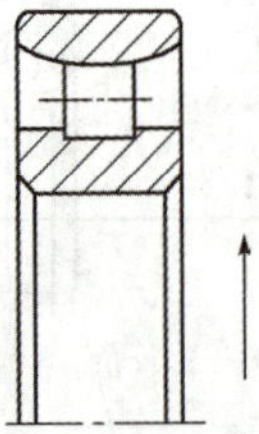	N	外圈无挡边，只能承受纯径向载荷。与球轴承相比，承受载荷的能力较大，尤其是承受冲击载荷，但极限转速较低 滚动轴承—圆柱滚子轴承

议一议：

1. 到机床结构实训室看一看，常用的 CA6140 车床上哪些地方用到了滚动轴承？这些轴承属于什么类型？学生之间进行讨论，教师点评。

2. 中国高铁轴承使用的是什么型号的轴承？同学之间进行讨论，也可以到网络上进行查阅。

2. 滚动轴承的代号

滚动轴承的代号由前置代号、基本代号和后置代号三部分构成，见表 7-9。

表 7-9 滚动轴承的代号构成

前置代号	基本代号					后置代号							
	五	四		三	二	一	1	2	3	4	5	6	7	8
成套轴承分部件代号	轴承类型代号	尺寸系列代号		内径代号		内部结构代号	密封防尘与外部形状变化代号	保持架及其材料代号	轴承材料代号	公差等级代号	游隙代号	配置代号	其他代号
		宽（高）度系列代号	直径系列代号										
		组合代号											

（1）基本代号。基本代号表示轴承的基本类型、结构和尺寸，一般由轴承类型代号、尺寸系列代号和内径代号组成。

① 轴承类型代号。轴承类型代号由数字或字母表示，见表 7-10。

表 7-10 轴承类型代号

类型代号	轴承类型	类型代号	轴承类型
0	双列角接触球轴承	6	深沟球轴承
1	调心球轴承	7	角接触球轴承
2	调心滚子轴承和推力调心滚子轴承	8	推力圆柱滚子轴承
3	圆锥滚子轴承	N	圆柱滚子轴承
4	双列深沟球轴承	U	外球面球轴承
5	推力球轴承	QJ	四点接触球轴承

②尺寸系列代号。尺寸系列代号由轴承的宽（高）度系列代号和直径系列代号组合而成，用两位数字表示。

宽度系列是指径向轴承或向心推力轴承的结构、内径和直径都相同，而宽度为一系列不同尺寸，有 8、0、1、2、3、4、5 和 6，宽度尺寸依次递增（推力轴承的高度系列代号，代号 7、9、1 和 2），如图 7-8 所示。当宽度系列为 0 系列时，对多数轴承在代号中可以不予标出，但调心滚子轴承和圆锥滚子轴承除外。用基本代号右起第四位数字表示。

直径系列表示同一类型、相同内径的轴承在外径和宽度上的变化系列，用基本代号右起第三位数字表示（滚动体尺寸随之增大）。代号有 7、8、9、0、1、2、3、4 和 5，其外径尺寸按序由小到大排列，如图 7-9 所示。

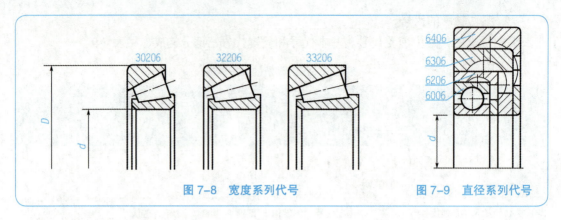

图 7-8　宽度系列代号　　　　　图 7-9　直径系列代号

滚动轴承尺寸系列代号见表 7-11。

表 7-11　滚动轴承尺寸系列代号

直径系列代号	向心轴承 宽度系列代号								推力轴承 高度系列代号			
	8	0	1	2	3	4	5	6	7	9	1	2
	宽度尺寸依次递增→								高度尺寸依次递增→			
	尺寸系列代号											
7	—	—	17	—	37	—	—	—	—	—	—	—
8	—	08	18	28	38	48	58	68	—	—	—	—
9	—	09	19	29	39	49	59	69	—	—	—	—
0	—	00	10	20	30	40	50	60	70	90	10	—
1	—	01	11	21	31	41	51	61	71	91	11	—
2	82	02	12	22	32	42	52	62	72	92	12	22
3	83	03	13	23	33	—	—	—	73	93	13	23
4	—	04	—	24	—	—	—	—	74	94	14	24
5	—	—	—	—	—	—	—	—	—	95	—	—

（外径尺寸依依次递增↓）

③内径代号。用两位数字表示轴承的内径，见表 7-12。用基本代号右起第一、二两位数字表示。

表 7-12　滚动轴承内径代号

内径代号	00	01	02	03	04～96
轴承内径（mm）	10	12	15	17	代号数 ×5

注：内径为 22 mm、28 mm、32 mm 和大于等于 500 mm 的滚动轴承，其内径代号用内径毫米数直接表示，但与尺寸系列代号之间用"/"分开，如深沟球轴承 62/22，内径 $d=22$ mm；调心滚子轴承 230/500，内径 $d=500$ mm。

（2）前置代号与放置代号。前置、后置代号是轴承在结构形状、尺寸、公差、技术要求等有改变时，在基本代号左、右添加的补充代号。

前置代号用字母表示，用以说明成套轴承部件的特点，一般轴承无需作此说明，则前置代号可以省略。

后置代号用字母和字母加数字的组合来表示，按不同的情况可以紧接在基本代号之后或者用"—""/"符号隔开。

（3）滚动轴承代号示例：

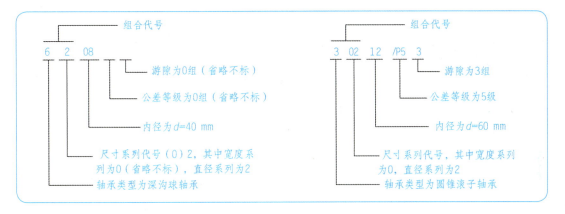

> **议一议：**
> 一单级卧式直齿圆柱齿轮减速器，因工作需要轴承主要承受径向载荷，结构紧凑，齿轮相对轴承位置对称，轮齿受力均匀，轴的刚度较好；减速器一般在常温下工作，单向运转，无较大冲击振动，一般选用什么滚动轴承能够满足要求？

7.3.3 滚动轴承的类型选择

滚动轴承类型很多，选用时应综合考虑轴承所受载荷的大小、方向和性质，转速高低，支承刚度以及结构状况等，尽可能做到经济合理且满足使用要求。

1. 载荷的类型

机器中的转动零件，通常要由轴和轴承来支撑。作用在轴承上的载荷按方向不同，可分为沿半径方向作用的径向载荷、沿轴线方向作用的轴向载荷和同时有径向、轴向作用的联合载荷。

2. 滚动轴承类型的基本选用原则

各类滚动轴承有不同的特性，因此在选择时，必须根据轴承实际工作情况合理选择，一般应考虑的因素包括轴承所受载荷的大小、方向和性质，轴承的转速以及调心性等要求，具体见表7-13。

表 7-13　滚动轴承类型的基本选用原则

应用条件	选用轴承类型示例
以承受径向载荷为主，轴向载荷较小、转速高、运转平稳且又无其他特殊要求	深沟球轴承
只承受纯径向载荷，转速低、载荷较大或有冲击	圆柱滚子轴承
只承受纯轴向载荷	推力球轴承　或　推力圆柱滚子轴承
同时承受较大的径向和轴向载荷	角接触球轴承　或　圆锥滚子轴承
同时承受较大的径向和轴向载荷，但承受的轴向载荷比径向载荷大很多	推力轴承和深沟球轴承组合
两轴承座孔存在较大的同轴度误差或轴的刚性小，工作中弯曲变形较大	调心球轴承　或　调心滚子轴承

知识拓展　滚动轴承的润滑与密封

1. 滚动轴承的润滑

滚动轴承润滑的目的是为了减小摩擦阻力、降低磨损、缓冲吸振、冷却和防锈。

7.3 滚动轴承

滚动轴承的润滑剂有液态的、固态的和半固体的，液态的润滑剂称为润滑油，半固态的、在常温下呈油膏状的润滑剂称为润滑脂。其特点及应用见表 7-14。

表 7-14 滚动轴承润滑剂的特点及应用

种类	特点及应用
脂润滑	润滑脂是一种黏稠的凝胶状材料，润滑膜强度高，能承受较大的载荷，而且不易流失，便于密封和维护，一次充脂可以维持较长时间，无须经常补充或更换。 由于润滑脂不宜在高速条件下工作，故适用于轴颈圆周速度不大于 5 m/s 的滚动轴承润滑
油润滑	油润滑用于轴颈圆周速度大和工作温度较高的场合。油润滑的关键是根据工作温度、载荷大小、运动速度和结构特点选择合适的润滑油黏度。原则上，温度高、载荷大的场合，润滑油黏度应选大些；反之可选小些。油润滑的方式有浸油润滑、滴油润滑和喷雾润滑等
固体润滑	固体润滑剂有石墨、二硫化钼（MoS_2）等多种品种，一般在重载或高温工作条件下使用

提示：
润滑脂的填充量一般不超过轴承空间的 1/3 ~ 2/3，以防止摩擦发热过大，影响轴承正常工作。

2. 滚动轴承的密封

滚动轴承密封的目的是为了防止灰尘、水分、杂质等侵入轴承并阻止润滑剂的流失。良好的密封可保证机器正常工作，降低噪声并延长轴承的寿命。常用的密封类型、结构及应用见表 7-15。

表 7-15 滚动轴承的密封类型、结构及应用

类型		图例	适用场合	说明
接触式密封	毛毡圈密封		脂润滑。要求环境清洁，轴颈圆周速度不高于 4 ~ 5 m/s，工作温度不高于 90 ℃	矩形断面的毛毡圈被安装在梯形槽内，它对轴产生一定的压力而起密封作用
	皮碗密封		脂润滑或油润滑。圆周速度小于 7 m/s，工作温度不高于 100 ℃	皮碗（油封）是标准件，其主要材料为耐油橡胶。皮碗密封唇朝里，主要防止润滑油泄漏；皮碗密封唇朝外，主要防止灰尘、杂质侵入

（续表）

类型	图例			适用场合	说明
非接触式密封	间隙密封			脂润滑。干燥、清洁环境	靠轴与轴承盖孔之间的细小间隙密封，间隙越小越长，效果越好，间隙一般取 0.1～0.3 mm，油沟能增强密封效果
	曲路密封	径向		脂润滑或油润滑。密封效果可靠	将旋转件与静止件之间的间隙做成曲路形式，在间隙中充填润滑油或润滑脂以增强密封效果
		轴向			

练一练：

1. 滚动轴承按摩擦性质不同，可分为_____轴承和_____轴承两大类。
2. 滚动轴承通常由_____、_____和_____等组成。
3. 滚动轴承的代号由_____代号、_____代号和_____代号组成。
4. 滚动轴承类型很多，选用时应综合考虑轴承_____、_____、_____等，尽可能做到经济合理且满足使用要求。
5. 能同时承受较大的径向载荷和轴向载荷，内外圈可分离，通常成对使用，对称布置安装的是_____。
6. 能承受很大的单向轴向载荷，承载能力比推力球轴承大，不允许有角偏差的是_____。
7. 说明下列滚动轴承代号的含义：
6206　　1215　　6308　　7312　　7308C　　6207/P2

8. 指出图 7-10 中结构不合理的地方。

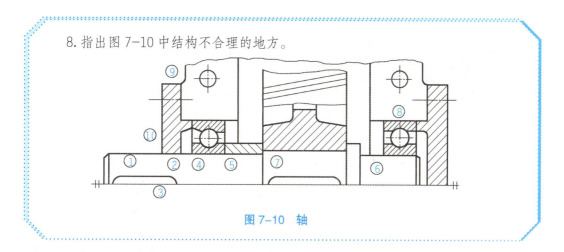

图 7-10 轴

课外阅读

中国高铁用上了中国轴承

随着时代的发展，中国的交通越来越便利，越来越多样，而且快捷。高铁是我们现在最常使用的交通出行方式，近十年中国高铁取得迅猛发展。

据了解，世界上大多数高铁运营中心在中国，但之前高铁运转的核心，也就是轴承，却并不是中国自主研发的，一直依赖进口，受限于美国等国家。

中国深知轴承的重要性，因此开始大力支持国内高铁的技术研究，如今属于中国的轴承终于研发制造出来了，中国高铁用上了中国轴承，打破了美国对中国的技术垄断。

那么中国轴承到底突破了哪些难点呢？其一，突破轴承钢的研究，这是最基础的。因为早先没有先进的轴承钢技术，使得研究出的轴承质量不行，导致使用寿命较短。其二，对于高端轴承专用的钢材料研发力度不够，使得中国轴承与国外先进的轴承有很大的距离。

据了解，中国在 2005 年便大力发展铁路建设，当时引进了许多外国的先进技术，包括高铁用轴承。如今中国攻克了顶尖的轴承，不仅使中国高铁用上中国轴承，还将中国的轴承外售。现在我国成为全世界轴承生产量和销售量排名第三的国家。

实训项目　深沟球轴承的装配与拆卸

> **学习目标**
> 1. 掌握深沟球轴承的拆装工艺；
> 2. 通过本实训项目学习，培养学生严格执行规范的操作和安全操作的良好习惯。

深沟球轴承的内外圈是不能分离的，所以装配与拆卸时不能使滚动体承受力的作用。深沟球轴承与轴在过盈量不大情况下的装配与拆卸方法如下：

（1）按轴承的规格准备装配与拆卸所需的工具和量具。

（2）检查所装配轴承，并用汽油或煤油清洗，擦拭干净后涂上润滑油。

（3）检查并清理轴头毛刺，测量轴径尺寸。

（4）将深沟球轴承的内孔轻轻套在轴头上（图7-11（a）），找正、放平，并注意使轴承带有标识一面向外。

（5）将安装套压在轴承的内圈上，并用手锤轻敲安装套顶部，使轴承慢慢进入轴颈，并均匀移动，直至到达轴肩，如图7-11（b）所示。如没有专用安装套，也可以在轴承的内圈对称地用手锤敲击铜棒，使轴承缓慢移动，如图7-11（c）所示。

（6）轴承安装完毕，用手转动轴承外圈，应轻松自如、无阻滞现象，否则，应进行调整。

（7）滚动轴承拆卸时，将拉出器如图7-12所示放置在轴头上，找正、放平后，轻轻旋转手柄，使轴承缓慢移出。

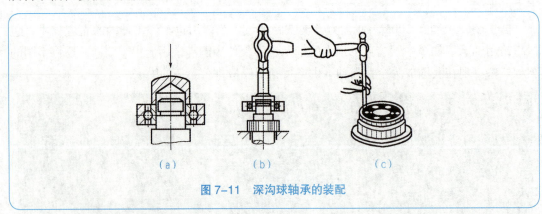

图7-11　深沟球轴承的装配

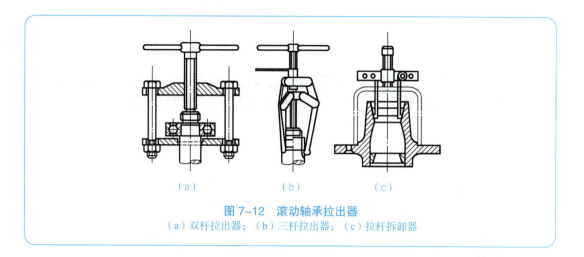

图 7-12　滚动轴承拉出器
（a）双杆拉出器；（b）三杆拉出器；（c）拉杆拆卸器

提示：
无论装配还是拆卸，均要注意不能使轴径出现划痕，否则应进行清理。

第 8 章 机械的节能环保与安全防护

如何使机械设备在使用过程中最大限度地发挥作用,从节能环保的角度考虑就是润滑,减少零件之间的磨损,提高生产效率。节能环保又是目前大力倡导的发展方向,也是未来机械工程发展的趋势。

安全一直是各行各业工作的重中之重,只有在安全生产的大前提下,才能保证质量与效率,所以安全防护是不可或缺的重要内容。

8.1 机械润滑与密封

学习导入

机械装置都是由若干零部件组成的,在传动过程中,可动的零部件在运动表面间会产生摩擦,造成零件的能量损耗和机械磨损,影响机械的运动精度和使用寿命。为了降低摩擦,减少磨损,延长寿命,需要在运动副表面进行润滑。机械装置在连接处以及运动件与不动件之间存在一定间隙,为了防止气体、液体工作介质以及润滑剂的泄漏,则必须设置密封装置。

学习目标

1. 了解常用润滑剂的种类及应用;
2. 熟悉常用的润滑方法;
3. 熟悉常用的密封方法;
4. 掌握常用润滑剂的选用。

8.1.1 润滑剂的种类及选用

机械装置中常用的润滑剂按物态可分为液体润滑剂（润滑油）、半固体润滑剂（润滑脂）和固体润滑剂。其中，液体润滑剂（润滑油）和半固体润滑剂使用较为广泛。

1. 液体润滑剂的种类及选用

在载荷大或变载、冲击场合、加工粗糙或未经跑合的表面，宜选用黏度较高的润滑油；转速高时，为减少润滑油内部的摩擦功耗，可采用循环润滑与芯捻润滑，应选择黏度较低的润滑油；工作温度高时，宜选用黏度高的润滑油。

常用液体润滑剂（润滑油）的种类及用途见表 8-1。

表 8-1 常用液体润滑剂（润滑油）的种类及用途

种类		主要用途
名称	牌号	
全损耗系统用油（GB 443—1989）	L-AN15、L-AN22、L-AN32、L-AN46、L-AN68	适用于对润滑油有特殊要求的锭子、轴承、齿轮和其他低负荷机械等部件的润滑，不适用于循环系统
L-HL 液压油（GB 11118.1—2011）	L-HL32、L-HL32、L-HL32、L-HL32	抗氧化、防锈、抗浮化等性能优于普通机油。适用于一般机床主轴箱、液压齿轮箱以及类似的机械设备的润滑
工业闭式齿轮油（GB 5903—2011）	L-CKB100、L-CKB150、L-CKB220	一种抗氧防锈型润滑油。适用于正常油温下运转的轻载荷工业闭式齿轮润滑
普通开式齿轮油（SH/T 0363—1992）	150、220、320	适用于正常油温下轻载荷普通开式齿轮润滑
蜗轮蜗杆油（SH/T 0094—1991）	L-CKE220、L-CKE220、L-CKE220	适用于正常油温下轻载荷蜗杆传动的润滑
主轴、轴承和离合器用油（SH/T 0017—1990）	L-FC22、L-FC32、L-FC46	适用于主轴、轴承和有关离合器油的压力油浴和油雾润滑

2. 半固体润滑剂的种类及选用

润滑脂也称为黄油，是一种稠化的润滑油。其油膜强度高，黏附性好，不易流失，易密封，使用时间长，但散热性差，摩擦损失大。它常用于不易加油、重载低速的场合。润滑脂主要根据润滑零件的工作温度、工作速度和工作环境等条件进行选择。

常用半固体润滑剂（润滑脂）的种类及用途见表 8-2。

表8-2 常用半固体润滑剂（润滑脂）的种类及用途

种类		主要用途
名称	代号	
钙基润滑脂 （GB/T 491—2008）	1号、2号、3号	有耐水性能。用于工作温度低于55 ℃ ~ 60 ℃的各种工农业、交通运输设备的轴承润滑，特别是有水及潮湿处
钠基润滑脂 （GB 492—1989）	2号、3号	不耐水。用于工作温度在 –10 ℃ ~ 10 ℃的一般中等载荷机械设备轴承的润滑
通用锂基润滑脂 （GB 7324—1994）	1号、2号、3号	多效通用润滑脂。适用于各种机械设备的滚动轴承和滑动轴承及其他摩擦部位的润滑。使用温度为 –20 ℃ ~ 120 ℃
钙钠基润滑脂 （SH/T 0368—1992）	1号、2号	用于有水及较潮湿环境中工作的机械润滑，多用于铁路机动、列车、发电机滚动轴承的润滑；不适用于低温工作。使用温度为80 ℃ ~ 100 ℃
7407号齿轮润滑脂 （SH/T 0469—1994）		用于各种低速、中、高载荷齿轮、链和联轴器的润滑。使用温度低于120 ℃
7014-1 高温润滑脂 （GB 11124—1989）	7014-1	用于高温下工作的各种滚动轴承的润滑，也用于一般滑动轴承和齿轮的润滑。使用温度为 –40 ℃ ~ 200 ℃

3. 固体润滑剂的种类及选用

用固体粉末代替润滑油膜的润滑，称为固体润滑。最常见的固体润滑剂有石墨、二硫化钨等。固体润滑剂耐高温、高压，因此适用于速度很低、载荷特别重或者温度很高或很低的特殊条件下。

议一议：
CA6140普通车床的主轴应选择怎样的润滑剂？

8.1.2 机械中常用的润滑方法

机械中常用的润滑方法有以下几种：

（1）人工定期加油（脂）润滑。对于相对运动速度较低的运动副，可以采用人工定期加油方式润滑，将油（脂）直接加注到润滑部位。图 8-1 所示为人工加油的油杯。图 8-1（a）用于加注润滑油，图 8-1（b）用于加注润滑脂。

（2）连续滴油润滑。有些润滑部位需要连续少量加注润滑油，如图 8-1（c）所示的针阀式油杯可通过针阀孔向下连续滴油，通过调节上面的调节螺母和手柄可改变针阀的开启程度，调节供油量。

8.1 机械润滑与密封

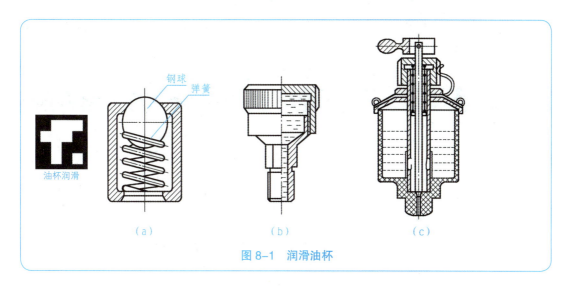

图8-1 润滑油杯

（3）浸油润滑。有些运动零件的工作位置较低，设计中可以使这些零件下端接触地面，通过零件的运动将润滑油带到工作位置；如果零件转速较高，还可以利用这些零件的旋转使润滑油飞溅到需要的润滑位置。图8-2（a）所示的齿轮箱利用大齿轮的旋转将润滑油带入齿轮啮合区，图8-2（b）则是通过专门的齿轮将润滑油传递给大齿轮。

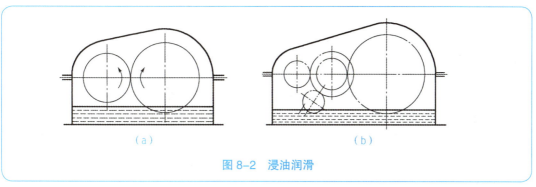

图8-2 浸油润滑

（4）压力供油润滑。对于复杂的机械装置，需要连续供油润滑的部位较多，可采用专门的油泵为润滑系统供油，通过多条管路将润滑油送到各个润滑部位。

看一看：
到实训车间看一看，CA6140卧式车床主轴箱中的齿轮采用的是什么润滑方式？

8.1.3 机械装置的密封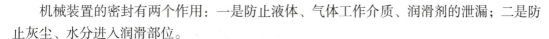

机械装置的密封有两个作用：一是防止液体、气体工作介质、润滑剂的泄漏；二是防止灰尘、水分进入润滑部位。

常见的机械装置密封有静密封和动密封两大类。静密封是防止介质从相对静止的零件间泄漏的密封；动密封是防止介质从相对运动的零件间泄漏的密封。其分类、特点及应用见表 8-3。

表 8-3 静密封与动密封的分类、特点及应用

分类		特点及应用
静密封	研磨面密封	依靠零件之间接触面的良好贴合防止介质泄漏，这种密封方式结构简单，密封效果与接触面的形状精度与表面粗糙度关系密切
	密封胶密封	在需要密封的静接触表面装配前涂敷密封胶，密封胶具有流动性，可在装配后充满接触面间的缝隙，防止泄漏
	垫片密封	在结合面间加入质地较软的垫片，通过向接触面施加压紧力，使垫片变形，填充表面间的缝隙，起到密封作用。垫片材料可采用橡胶、皮革等，当工作温度较高时应选用耐热材料，如石棉纸等，如图 8-3 所示
	密封圈密封	垫片密封的接触面较大，当需要的密封压力较大时，要求对接触面施加的压紧力也较大，如图 8-4 所示
动密封	密封圈密封	前面所讲的密封圈密封方法除可用作静密封外，也可作接触式动密封，通常用于相对直线运动的零件之间，如液压系统中液压油缸与活塞之间的密封
	毡圈密封	毡圈密封（图 8-5）是用于相对旋转的零件之间的接触式动密封方式。将矩形截面的毛毡填入梯形截面的毡圈槽中，使其与轴径表面保持接触，防止润滑剂泄漏，也可以防止灰尘进入。由于毡圈与轴径的接触面大，接触压力大，所以摩擦功耗较大，发热严重，通常用于低速、脂润滑条件

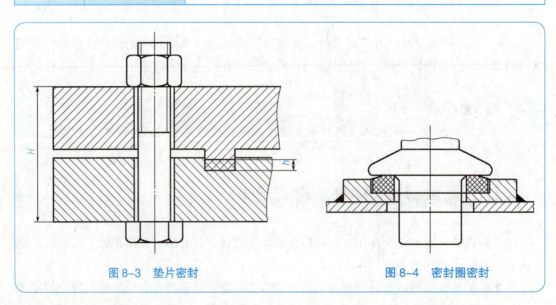

图 8-3 垫片密封　　　　　　图 8-4 密封圈密封

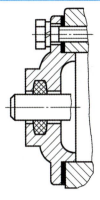

图 8-5 毡圈密封

查一查：

到网络或图书馆查一查，还有哪些密封方式？记下来，与同学们进行交流。

练一练：

1. 机械装置中常用的润滑剂按物态可分为_____润滑剂、_____润滑剂和_____润滑剂。其中，_____润滑剂和_____润滑剂使用较为广泛。
2. 机械中常用的润滑方式有_____润滑、_____润滑、_____润滑和_____润滑。
3. 适用于低速，中、高载荷齿轮润滑的是_____。
4. 黏度大的润滑油适用于_____的场合。
5. 机械装置密封的作用是什么？常见的机械装置密封有哪两大类？

8.2 机械的节能环保与安全防护

学习导入

节能环保目前是人们热议的话题之一，党的"十八大"又将生态文明建设列入未来的五个重点工作之一。我国的工程机械行业面临着改革创新、节能减排、可持续发展的机遇，因此，研究节能环保技术并加以推广，已成为提升产品科技含量、提高产品质量和市场竞争力的当务之急。

第 8 章 机械的节能环保与安全防护

> **学习目标**
>
> 1. 了解机械噪声的形成与防护措施；
> 2. 了解机械伤害的形成与防护措施；
> 3. 了解机械节能与环保知识。
> 4. 通过本节内容学习，培养学生节约能源、降低成本、绿色环保的意识。

8.2.1 机械噪声的形成与防护

1. 噪声的危害

在世界范围内，噪声已经成为危害人类健康的重要杀手，早在 20 世纪 60 年代就已被列为全球三大危害之一。

噪声对人体的危害很大，长时间处在强烈的噪声环境中，会引起听力下降，甚至引起噪声性耳聋；还容易使人发生注意力分散、失眠、头痛、神经紧张等神经性症状。噪声损害人的整个机体，使人产生血压升高，呼吸、脉搏加快，胃液含酸量减少，消化能力减弱等。

2. 机械噪声产生的原因

机械噪声的产生一般由设备的运转件相对固定体周期作用时所产生，在运动过程中也会产生强烈的共振，从而产生强烈的噪声。工程机械中产生噪声的主要因素有三个：空气动力、机械传动和液压传动。针对工程机械来说，噪声产生源主要有动力系统产生的噪声源、结构安装产生的噪声源、工作装置产生的噪声源以及液压系统产生的噪声源。

3. 机械噪声的防护

机械噪声的防护应从控制着手，一般从噪声源、传播途径和接受者三方面进行。

（1）噪声源的控制。从噪声源控制是最有效的、最根本的措施。工程机械应从最初的材料选择、结构设计、生产工艺、加工与装配精度、传动方式等方面进行噪声的控制，从而达到降低声源、减小噪声发射功率的目的。

（2）噪声传播途径的控制。从噪声传播途径采取措施，设法使噪声在传播中进行衰减或隔离是较好的方法。可利用声的吸收、反射、干涉等特性，采用吸声、隔声、减振、隔振等技术，以及安装消声器等，控制声源的噪声辐射。例如，可在发动机上套上隔声罩，使其产生的噪声难以扩散，在发动机罩里面采用吸音棉吸收声能，减弱声音。

（3）噪声接受者控制。从接受者的角度采取防范措施，如使用耳塞、耳罩等降低噪声的接收程度。

查一查：

1. 到网络或图书馆查一查，举例说明还有哪些机械噪声的防护措施？
2. 到网络或图书馆查一查，习近平总书记关于绿色环保和安全生产的重要论述，记下来与同学进行交流。

8.2.2 机械伤害的形成与防护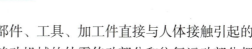

机械伤害主要是指机械设备运动（静止）部件、工具、加工件直接与人体接触引起的夹击、碰撞、剪切、卷入等形式的伤害。各类转动机械的外露传动部分和往复运动部分都有可能对人体造成机械伤害。

1. 机械伤害产生的原因

机械伤害产生的原因主要有三类：一是人为的不安全因素；二是机械设备本身的缺陷；三是操作环境不良。

（1）人为的不安全因素。操作人员操作机器，必须熟悉机器，才能更好地使用机器。人的不安全行为指的是不熟悉机器的操作程序，或违规操作而导致机械伤害事故的发生。

（2）机械设备本身的缺陷。机械设备本身都存在一定的误差，设计不合理、设备的材料选择不当、没有安全防护措施、保险装置等问题都有可能导致机械本身的缺陷，从而会引起机械伤害事故。

（3）操作环境不良。操作人员如果在照明不好、通风不良、排尘排毒欠佳的环境下工作，就更容易出现操作失误的可能，从而引起机械伤害事故。

2. 机械伤害的防护

防止机械伤害事故的发生，必须从安全管理入手，防止出现人的不安全行为和消除机械的不安全状态。同时还应在技术方面解决机械设备的安全防护和安全保险等问题。

（1）严格安全管理。健全机械设备的安全管理制度，防止人的不安全行为。根据不同的机械设备制定不同的安全操作规程，同时教育员工必须严格遵守各项安全操作规程和防止机械伤害的基本行为规范。

（2）做好设备的安全防护。所有的机械传动部分都具有一定的危险性，尤其是露在机器外面的部分，所以，必须安装防护装置，不同结构的设备安装的防护装置也不相同。

议一议：
我们在机械加工实训过程中应注意哪些问题？

8.2.3 机械的节能与环保

节能是继煤炭、石油、水能、核能之后的第五种能源，而且节能还有利于环保。我国作为世界上人均能源较少的国家之一，虽然近几年经济发展很快，但资源浪费较严重。因此，我国的工程机械行业必须走节能环保之路，那么，节能环保的工程机械应从哪几方面进行着手呢？

1. 机械工程产品的电子化

工程机械控制技术的电子化代表了当今技术的发展趋势，大多国外工程机械产品采用微机控制技术，实现各种工况下自动判断、控制机器发动机的功率输出，达到发动机的最佳功率匹配，减少燃油消耗，达到节能的效果。

2. 机械工程产品的循环再利用

循环再利用也是节能的一种良好方法。再循环利用的过程是指在工程机械产品设计之初就对产品的组成类型进行分析计算，考虑产品的可回收性、可拆卸性和再循环利用性，并对零部件分类，确定其可再循环利用的比率。

3. 减少"三废"的排放

对于高消耗、高污染的行业进行重点整治，修订完善排放标准，减少"三废"的排放，大力发展环保产业，从而达到环保的目的。

> **议一议：**
> 日常生产与生活中，我们应当如何节能环保？

> **练一练**
> 1. 机械伤害产生的原因主要有_____、_____和_____三类。
> 2. 工程机械中产生噪声的主要因素有_____、_____和_____三个。
> 3. 简述机械噪声的危害与防护措施。

实训项目　CA6140车床主轴部件的装配

> **学习目标**
> 1. 熟悉 CA6140 车床主轴部件的结构；
> 2. 掌握 CA6140 车床主轴部件的装配工艺；
> 3. 通过本实训项目学习，培养学生严谨求实、一丝不苟的工作作风。

1. CA6140 车床主轴部件的结构

CA6140 车床主轴部件的结构如图 8-6 所示。主轴前端采用了带锥孔的圆柱滚子轴承，用以承受切削时的径向力。调整螺母，通过大衬套使轴承内圈移动，因为内圈为锥形孔，故可调整轴承游隙，从而控制主轴的径向圆跳动量。主轴的轴向力，由推力球轴承和圆锥滚子轴承承受，调整螺母可控制主轴的轴向窜动量。当主轴运转使温度升高后，允许主轴向前端伸长，而不影响前轴承所调整的间隙。大齿轮与主轴用锥面结合，装拆较方便。

2. 主轴部件的装配顺序

（1）将弹性挡圈和圆柱滚子轴承的外圈装入箱体前轴承中。

（2）按图 8-7 所示的组件（装入箱体前先组装好），从前轴承孔中穿入，在此过程中，从箱体上面依次将键、大齿轮、螺母、垫圈和推力球轴承装在主轴上，然后把主轴移动到规定位置。

（3）从箱体后端，把图 8-8 所示的后轴承座体和圆锥滚子轴承外圈组件装入箱体，并拧紧螺钉。

（4）将圆锥滚子轴承的内圈装在主轴上，敲击时用力不要过大，以免主轴移动。

（5）依次装入小衬套、盖板、圆螺母及前盖并拧紧所有螺钉。

（6）调整、检查。

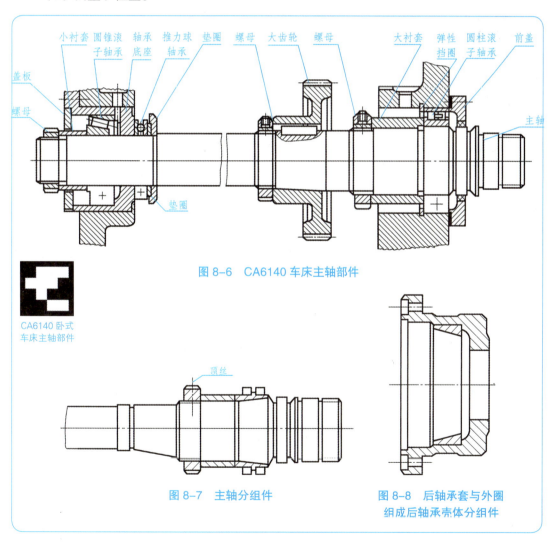

图 8-6　CA6140 车床主轴部件

CA6140 卧式车床主轴部件

图 8-7　主轴分组件

图 8-8　后轴承套与外圈组成后轴承壳体分组件

课外阅读

北京冬奥会开幕式这些细节彰显绿色理念

2022年2月4日,北京2022年冬奥会盛大开幕,全世界目光再次聚焦中国北京这座"双奥之城"。

灯光璀璨的"鸟巢"、绚烂多彩的焰火表演、浪漫唯美的雪花台、独具创意的点火仪式、大火变"微火"的火炬……本届冬奥会开幕式上,这些细节无不彰显出"绿色办奥"理念。

1. 氢能点燃奥运主火炬 "微火"照亮世界

2月4日夜,"鸟巢"内,在全场观众注目下,中国两位"00后"冰雪运动员一起将手持的"飞扬"火炬嵌入雪花台。随后,雪花台缓缓旋转上升,成为北京冬奥会的主火炬。"我们用全世界参赛代表团的名字构建了雪花台,最后一棒火炬就是主火炬,是百年奥运史上从未有过的'微火'。"北京2022年冬奥会开闭幕式总导演张艺谋表示,将熊熊燃烧的奥运之火,幻化成雪花般圣洁、灵动的小火苗,这一创意来自低碳环保理念,将成为奥运会历史上一个经典的瞬间。

与往届奥运会使用液化天然气或丙烷等气体作为火炬燃料有所不同,本届冬奥会首次使用了氢能作为火炬燃料,实现了奥林匹克精神与"绿色""环保"的进一步结合。氢能是环保的燃料,燃烧的时候只产生水,不会产生二氧化碳,可实现完全的零排放,真正体现了北京冬奥会绿色、低碳、可持续原则。

2. 焰火燃放"一叶知秋" 环保绿色理念凸显

北京2022年冬奥会开闭幕式视觉艺术总设计蔡国强带着更加环保的"春来了""迎客松"和"漫天飘雪"焰火来了,让人再次拍案叫绝。

"本届冬奥会开幕式焰火表演秉持简约理念,只有3次,总时长只有3分钟,更精益求精。"北京2022年冬奥会开闭幕式视觉艺术总设计蔡国强介绍,这次不再过多使用氛围焰火,而为冬奥会专门开发"雪花""冰花"等多种造型的焰火品种,营造空中的"北国风光"。这次使用的特效烟花主要产自湖南、河北等地,均是高科技环保微烟化焰火,力求环保、安全。经过对发射药成分的改进,焰火药剂无毒、微烟,大大减少了焰火燃放时对环境的影响。

"从简约的角度,要体现环保和绿色这个理念,无论怎么样放焰火,哪怕都是新科技、新技术,是一个无害的、无污染的焰火,但它毕竟还是燃烧,所以要尽量减少它的量,不需要满天地放,以一当十,一叶知秋,体现了中国人的文化自信。"张艺谋表示。

3. 氢能客车提供接驳服务 打造低碳交通体系

"绿色"办奥,打造低碳交通体系也是重要一环。2月4日北京冬奥会开幕这一天,为了让北京、延庆、张家口三个赛区的运动员以及观众顺利到达"鸟巢"观看开幕式,各赛区均提供搭载"氢腾"燃料电池系统的氢能客车往返接待保障服务。

"北京冬奥会期间,北京赛区地处平原,主要使用纯电动和天然气车辆;延庆和张家口赛区以氢能汽车为主,主要是满足山区的需求。"北京冬奥组委总体策划部部长李森介绍,节能和清洁能源的车辆在小客车中占比几乎达到了百分之百,在所有车辆中的占比大约在 8 成以上，助力绿色冬奥。

4.绿电首次点亮北京冬奥 "绿色办奥"生动写照

2月4日，北京冬奥会开幕，"鸟巢"流光溢彩，让人惊艳。在这背后，同样有一个让人惊艳的绿电故事。那就是北京冬奥会在奥运历史上首次实现全部场馆100%绿色电能供应。

张北"风光"无限，国家能源集团、中国华能、中国华电、国家电投、三峡集团等多家央企下属的多个风电场都在这里。

2020年6月29日，世界首个风、光和储能多能互补的直流电网工程——±500千伏张北柔性直流电网试验示范工程投运，每年可输送约140亿千瓦时的清洁能源，约占北京市年用电量的1/10。"用张北的风点亮北京的灯"变成了现实。自此，转动的风机叶片源源不断将清洁电力并入电网，通过该工程输向北京、延庆、张家口三个赛区，点亮了一座座奥运场馆，也点亮了北京的万家灯火。

参考文献

[1] 陈长生. 机械基础 [M]. 2版. 北京：机械工业出版社，2003.
[2] 陈秀宁. 机械基础 [M]. 杭州：浙江大学出版社，1999.
[3] 胡家秀. 机械基础 [M]. 2版. 北京：机械工业出版社，2001.
[4] 彭文生，黄华梁. 机械设计教学指南 [M]. 北京：高等教育出版社，2003.
[5] 王兴民. 钳工工艺学 [M]. 96新版. 北京：中国劳动出版社，1996.
[6] 朱仁盛. 装配钳工实训与考级 [M]. 北京：高等教育出版社，2009.
[7] 孙大俊. 机械基础 [M]. 4版. 北京：中国劳动社会保障出版社，2007.
[8] 张棉好. 机械基础 [M]. 北京：中国劳动社会保障出版社，2010.
[9] 陈海魁. 机械基础 [M]. 4版. 北京：中国劳动社会保障出版社，2001.
[10] 姜波. 钳工工艺学 [M]. 4版. 北京：中国劳动社会保障出版社，2005.
[11] 钟少华. 工程力学 [M]. 5版. 北京：中国劳动社会保障出版社，2012.
[12] 李培根. 机械基础（高级）[M]. 北京：机械工业出版社，2006.
[13] 郭卫东. 机械原理 [M]. 2版. 北京：科学出版社，2013.
[14] 孙华. 机械基础 [M]. 北京：清华大学出版社，2014.
[15] 李志江. 机械制造技术基础 [M]. 北京：科学出版社，2014.
[16] 邹振宏. 机械基础 [M]. 北京：中国铁道出版社，2010.
[17] 曾德江，朱中仕. 机械基础 [M]. 北京：机械工业出版社，2015.